汉竹●健康爱家系列

早餐叫醒你

黄予 著

汉竹图书微博
http://weibo.com/hanzhutushu
读者热线
400-010-8811

江苏凤凰科学技术出版社
全国百佳图书出版单位

自序

当时接到编辑电话，想让我把“早餐计划”集结成册，心里也有过小小的犹豫。我并非专业厨师，严格说就是个热忱的行动派，喜欢吃，舍得吃，懒得出门那就自己做。

每个爱吃的“祖宗”都有一个会倒腾的爹或妈，从小也是在厨房盯着看妈妈做饭，耳濡目染，自己学着开煤气灶，炒蛋炒饭，冲酱油汤。可以说，我从小到大从来苛刻过自己的胃和对吃的欲望（这好像并不是什么好事）。

之后很长一段时间，旅行的意义对我来说，也常常是从“去哪玩”变成“去哪吃”。有了家庭后，外食机会变少，在家下厨的机会就多了。而我也正乐意下厨房。下厨是一件你可以完全投入，并能立刻和家人朋友分享成果的事。

之前因为工作特性，我基本不吃早餐，跟大多数上班族一样，情愿多睡一会儿，也懒得去照看自己的胃。

当然，现代人总是不停地在反省如何活得更健康，早餐记录也还是刷爆朋友圈。对我来说，开始早餐记录还是因为有了孩子后，下厨的愿望变得更加迫切，其实更是一种无奈。小朋友五点半就醒了，你不吃点什么怎么有力气跟他拼到晚上八点？

渐渐习惯早起的我开始享受一家人的早餐时光。周末，孩儿爸通常会带小朋友早早出门遛弯。对我来说，那是最轻松愉快的早晨，一碗菜泡饭，煎饼小馄饨，热咖啡配羊角三明治，无论两个人还是一人独享，这十五分钟是一整天的动力和美好心情的开始。

写这本书的意义并非教你做饭。一开始我总纠结于怎么可能一下子写出百来道早餐菜谱，写到中后期我也惊讶于早餐可以有如此丰富多变的组合，并且每一道都很好吃。到后期，我又简直欲罢不能，创意源源不断：“其实这样也不错啊”“要不再试试这么做”……直到编辑命令“停停停”。所以我在记录分享的同时也希望能启发各位一些新的可能，相信你也会跟我一样，面对早餐，灵感根本停不下来，因为那是每天都会与家人打照面的食物。

黄子

2016.8.6

目　录
Contents

GOOD MORNING

走进沙拉花园 / 71

米饭，粒粒皆长情 / 89

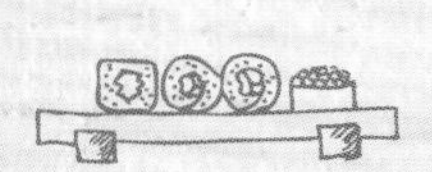

饼和蛋，做得香香的 / 107

馄饨、饺子、包子和圆子 / 121

异国频道的早午餐 / 145

周末，玩个烘焙 / 179

早餐速配

汤汤粥粥，胃好舒服

中国人的早餐桌上，总少不了一碗热腾腾的粥，做法简单却也心意满满。
对于厨房新手来说，早餐从汤粥做起，也能避免手忙脚乱，
提升下厨的信心。

家常菜泡饭

制作时间：18 分钟　分享人数：3 人

简单省时的菜泡饭，江南人家餐桌上的常客。在平常的日子里，几片火腿肉用以提鲜，再加点绿叶蔬菜和菌菇，无需过多调味，却是老少都爱，四季通行，秋冬更能添暖意。在步履不停的时间里，那些出于平淡的食材，总会归于内心的惊喜。

食材 *Ingredients*

熟米饭1碗　　小青菜6棵　　鲜香菇5朵
火腿1片　　盐1小勺

做法 *Steps*

❶ 熟米饭（也可以是前一晚的冷饭）用水泡开（图1），小青菜洗净切细段，鲜香菇洗净切丁，火腿片切丝（图2）。

❷ 泡饭烧开，依次放入鲜香菇丁、火腿丝，再次煮开后转小火，煮至米粒略有蓬松时，放入青菜段（图3），加少许盐调味，稍煮后即可盛出。

图1

图2

图3

早餐速配

两面黄

食材： 面条1份，盐1勺，虾仁适量，白糖1勺，老抽1勺，豉油1勺，香菇2朵，色拉油2大勺，西芹叶2片

做法： 面条入沸水锅断生，捞出沥干水，拌入盐、老抽、白糖和豉油。将洗净的香菇和虾仁切成丁，放入油锅略炒后盛出。油锅烧热转小火，将面条平铺到锅内，煎至面条底侧焦黄，继续煎另一面。等到两面煎至金黄色，盛出，铺上香菇虾仁，撒上西芹叶。

奶香蘑菇汤

制作时间：15 分钟　分享人数：2 人

味道朴素的蘑菇却有难以替代的鲜味，浓浓的奶香配上蘑菇柔韧的口感，这种难分难舍的交融滋味，再缀上欧芹和黑胡椒，仿佛香浓更浑厚了些。在微凉的早晨，来一碗浓浓的蘑菇汤吧，不止是滋润，更能暖心。

蘑菇汤配蒜香黄油吐司条，奶油的柔和，吐司条的香脆，这种交融的滋味，别提有多棒了！

食材 *Ingredients*

面粉1大勺　口蘑1把　牛奶1杯
黄油1块（约30克）　培根1片　淡奶油1勺
盐适量　黑胡椒碎适量
白糖适量　欧芹碎适量

做法 *Steps*

❶ 口蘑洗净切薄片，待用。

❷ 培根切小段，倒入锅中，用1小块黄油煎炒至八分熟，盛出待用。

❸ 锅内重新放1小块黄油煎至熔化，放入面粉，中小火炒至微黄出香味（图1），倒入牛奶、淡奶油，充分融合（图2）。轻轻画圈搅拌至无面粉结块，再适当加一些水，放入口蘑片，加盐和白糖调味，中火慢慢搅拌至汤水变得浓稠（图3），最后放入事先炒过的培根段，盛出。

❹ 在汤上撒少许黑胡椒碎和欧芹碎点缀。

图1

图2

图3

早餐速配

蒜香黄油吐司条

食材：吐司3片，黄油1块（40~50克），欧芹碎1小撮，大蒜2瓣，盐适量，白糖适量，黑胡椒碎适量

做法：吐司切长条；大蒜切细末，烤箱180℃预热。黄油放入锅中加热至溶化后拌入蒜末、欧芹碎、盐。用刷子蘸黄油，先刷吐司条的一面及侧面，然后将刷过黄油的一面朝下码在烤盘上，再刷正面，再撒白糖和黑胡椒碎。烤盘进烤箱烤5分钟即可。

目鱼鲜虾粥

制作时间：28 分钟　分享人数：3 人

目鱼有内敛的鲜味，需要慢慢熬煮，基围虾的鲜，一蒸即出，溶于一粥，这交织的美味足以苏醒味蕾。再点入芹菜和芝麻油提味，粥的鲜味愈加浓烈。鲜美带点咸味的口感，美好的早晨就这样开始了。

这样做多睡会儿

利用智能厨具的预约功能，隔夜做好准备，早晨多睡半个小时，出门上班前准时吃上一碗热腾腾的粥不是难事。

食材 *Ingredients*

目鱼条1小碗　基围虾10只　白玉菇半盒
大米1小碗　葱花1撮　芹菜叶适量
盐适量　芝麻油1勺

做法 *Steps*

❶ 目鱼条处理干净后切小段；基围虾洗净剪须；白玉菇洗净去蒂；大米淘洗干净。

❷ 将大米倒入砂锅，加至3/4锅的水，开火煮粥，煮至粥黏稠后放入白玉菇。

❸ 米粒完全开花后放入目鱼段和基围虾，拌匀，待基围虾变红后，加入盐调味。将粥盛出后，撒入葱花和芹菜叶，淋几滴芝麻油拌匀即可。

早餐速配

虾仁烧卖

食材： 馄饨皮适量，猪肉糜适量，河虾仁1小碗，鸡蛋1个，葱花1撮，盐适量，生抽1小勺，料酒少许

做法： 猪肉糜放入搅拌盆中，放入葱花、河虾仁，打入1个鸡蛋，加盐、料酒、生抽搅拌起浆。将馄饨皮切掉四角，包入肉馅，虎口用柔力将馄饨皮收口，呈钱袋状，顶部缀上河虾仁，均匀码入蒸笼蒸10分钟即可。

杂谷养生粥

制作时间：30 分钟　分享人数：3 人

记忆中老有那样的童年：喝完了粥，还想一口气舔掉碗口那残留的谷粒。好粥养人，五谷杂粮炖化成粥的滋味，再加上油润的核桃粒，滋养了自己和家人的胃，有时候，我也会随手在粥里放上两枚红枣，等红枣被泡涨煮透后，微微破皮流出的甜汁，使整碗粥不加冰糖也甘甜。

这样做 多睡会儿

可以选用高压锅做这道粥，有些陶瓷内胆高压锅已经能“复制”出老式砂锅的味道了。选择预约功能，起床就能享受到香浓滚烫的热粥了。

食材 Ingredients

赤豆1小盅　大米1小碗　黑糯米1小盅
红米1小把　花生仁1小盅　核桃仁1小把
小米1小匙　薏仁1小把　老冰糖1块

做法 Steps

❶ 将除冰糖以外的所有食材洗干净，放进砂锅，冷水浸泡约15分钟（图1），如果起得比较早，可先将除核桃仁外的其他材料冷水浸泡30分钟再炖粥。

❷ 在砂锅内倒入水（水位见图2），将砂锅置火上，用大火煮开后转小火熬至黏稠状，加冰糖继续熬煮，至冰糖完全化开即可（图3）。

图1

图2

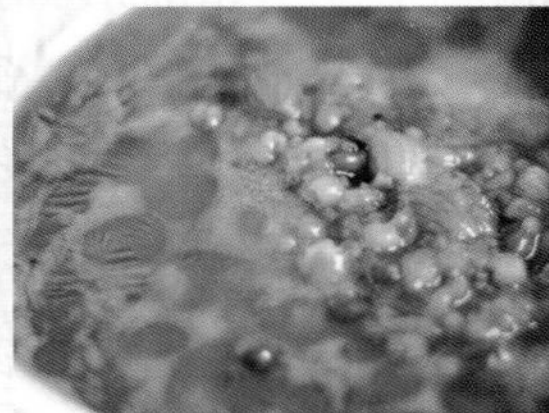
图3

早餐速配

烤红薯

食材：板栗红薯7个（我家烤箱容量约34升，可根据自家烤箱容量调整）

做法：炖粥的工夫，不妨再烤个红薯。将红薯洗净，擦干表面水分，平铺在铺好锡纸的烤盘上，将烤盘放进预热好的烤箱，200℃，烤30~40分钟就好啦。皮微微烤焦，橙黄色的红薯带着热气和甜香味，迫不及待地想咬一口。

家常味咸豆浆

制作时间：20 分钟　分享人数：2 人

一勺鲜酱一撮葱，再放上榨菜、虾皮和紫菜，再有一根酥脆的油条，蓝边大碗内的豆浆总是江南人家最迷人的早餐风景，我们家也是对这咸豆浆乐此不疲。有时候，我索性把油条也剪进去，有古早味的醇厚，更有清晨的鲜香。

这样做多睡一会儿

将黄豆放入锅中，加水煮开，连煮汁一起倒进热水瓶中，泡一晚，隔天早上用豆汁直接打豆浆，不仅节省时间，还能保证黄豆入味。

食材 *Ingredients*

鲜榨原味豆浆 1 份　手撕紫菜适量　榨菜丝 1 小碟
油条半根　虾皮 1 把　葱花 1 撮
老抽小半勺　盐 1 小勺

做法 *Steps*

❶ 将原味豆浆放入奶锅煮开（图1），沸腾后转小火慢煮，此间倒入老抽（图2），拌匀。

❷ 将油条剪成小段，放入奶锅，接着放入紫菜、虾皮和榨菜丝，撒入盐调味，关火后撒上葱花即可。

甜豆浆的做法

黄豆洗净，红枣去核，用清水泡发。将黄豆和红枣放入豆浆机中，按个人口味加水、冰糖，按豆浆机模式自行操作。

图1

图2

还可以这么做

牛奶喝腻了，来杯甜豆浆怎么样？粒粒饱满的豆子被搅打后，浓郁醇厚的香气毫无豆腥味。再配上甜口的红枣，就是这么简单的一种食物，总让人倍感舒适惬意，那细腻嫩滑的口感，有着不可思议的召唤力。

酸辣汤

制作时间：20 分钟　分享人数：2 人

想做酸辣汤的想法总会在某一个清晨变得坚定。酸辣汤融合了酸、辣、咸、鲜、香之味，在睡眼朦胧之中，喝进一口，精神立马被摇醒。似乎每个人的心中，都有一碗酸辣汤的标准，你想多一份辣的过瘾，我想一品酸的透彻，一切都自己做主。

这样做多睡会儿

想要快速完整地取出盒装豆腐，可以用小刀将盒子上的塑料膜四边划开，将豆腐盒倒扣在盘中，用手掌轻轻敲击豆腐盒。

食材 *Ingredients*

南豆腐半块　干黑木耳 5 朵　火腿 2~3 片
胡萝卜半根　鲜香菇 3 朵　鸡蛋 1 个
淀粉 1 勺　生抽 1 勺　香醋 1 勺
盐适量　白糖 1 撮　葱花 1 撮
胡椒粉适量　香菜 1 撮

做法 *Steps*

❶ 将南豆腐切丁；泡发后的黑木耳切细段；火腿、胡萝卜、鲜香菇切丝待用。

❷ 锅内煮开水，将南豆腐丁、黑木耳段、胡萝卜丝和香菇丝放入锅内，煮沸后转小火，加生抽、香醋、盐和白糖调味，再加胡椒粉，拌匀（图 1）。

❸ 倒入火腿丝（图 2），小碗内倒入淀粉，用 1 勺水搅拌均匀后倒入汤锅内，及时用汤勺画圈式轻轻拌匀勾芡（图 3）。倒入水淀粉后请一定及时搅拌，不然容易结块。

❹ 打散鸡蛋，滑入汤内，用筷子搅打成蛋花状，关火即可。

❺ 食用前撒葱花和香菜点缀。

图 1

图 2

图 3

咖喱牛肉粉丝汤

制作时间：20 分钟　分享人数：2 人

做牛肉粉丝汤，加点豆香味浓浓的豆制品，更能提升口感。我一般都会替换着用油豆腐和腐竹。两者虽然是同类食材，但是油豆腐浸汤后，一嚼一口汤汁，而腐竹呢，被汤汁浸润后变得更加柔嫩，在双唇之间游刃有余，总之，都是好吃！

这样做多睡会儿

如果是冬天，可以在前一晚准备好一碗牛肉高汤，等第二天一早放入锅内煮沸，直接煮粉丝即可。

食材 *Ingredients*

卤牛肉 6 片	红薯粉丝 1 把	油豆腐 3~4 块
咖喱粉适量	盐适量	白糖适量
香菜 1 撮	葱花 1 撮	芝麻油 1 勺

做法 *Steps*

❶ 油豆腐对半剪开待用。

❷ 锅内水烧开后放入粉丝，待粉丝软化后，加入油豆腐。

❸ 再于锅中加入咖喱粉、盐、白糖调味，煮至粉丝全熟，连汤盛出，放入碗中。

❹ 碗内均匀铺上卤牛肉片、香菜，撒上葱花，淋上芝麻油即可。

早餐速配

虾仁豆腐

食材：河虾仁1碗，青椒半个，茭白1根，料酒1勺，盐1勺，植物油1勺，胡萝卜1/3根，嫩豆腐半盒

做法：将茭白、胡萝卜和青椒各洗净切丝，嫩豆腐切块。在锅中倒入少量油，下茭白丝、青椒丝和胡萝卜丝煸炒，放入河虾仁一起翻炒。最后放入切块的嫩豆腐，轻轻翻炒后加少量料酒和水，用盐调味即可。

姜汁红糖炖鲜奶

制作时间：30 分钟　分享人数：2 人

细腻Q滑的双皮奶没人不爱，做起来略麻烦？那么学一道炖鲜奶，满足了嘴，还不用那么费事儿。而炖鲜奶无论是刚出炉时温暖清甜的口感，还是冰镇后的风味都能让你欲罢不能，一定要试试哦！

这样做多睡一会儿

如果有盖碗，可以将奶液直接倒入放进蒸锅蒸，不需锡纸或保鲜膜。

食材 *Ingredients*

全脂牛奶 80 克　　淡奶油 40 克　　熟松子 1 小勺
蛋清 2 个　　白糖 20 克　　姜 1 块
红糖 1 小勺

做法 *Steps*

❶ 把姜刨丝榨汁，取1小勺姜汁，与牛奶混合，再将姜汁牛奶与淡奶油、白糖放入碗中，搅拌混合均匀；鸡蛋取蛋清，大碗内打散（图1）。

❷ 将混合好的姜汁奶液加热至白糖溶化即可，稍晾待用。

❸ 将温热的姜汁奶液慢慢倒入蛋清，同时搅拌至两者融合。

❹ 用筛网过滤1~2次，观察到蛋奶液无颗粒（图2）。

❺ 将滤好的奶液平均分置在2只小碗内，盖上锡纸或保鲜膜以防蒸气滴落碗内。

❻ 上锅蒸8~10分钟至完全凝固（图3）。

❼ 蒸鲜奶的时候，开始制作红糖汁，红糖加1勺热水冲调开，待炖奶出锅，淋上红糖汁，撒上姜丝，最后撒上熟松子即可。

图1

图2

图3

还可以这么做

温热的姜汁红糖炖奶总是我的心头好，另外，还推荐朴素的椰汁炖奶版本。在第1步时做奶液不放姜汁，而用椰浆、牛奶、淡奶油和白糖混合即可。还有很多人是蜜豆炖奶的拥趸，同样很简单！在原版的第7步，把姜丝换成蜜豆就可以了，想要甜得更浓郁，可以再撒上点桂花蜜。

早餐速配

Day 1 葱油拌面 *P32*
家常味咸豆浆 *P20*

Day 2 南瓜毛豆面片 *P34*
鸡蛋培根烧饼 *P116*

Day 3 中式酱油炒面 *P36*
玫瑰乌龙茶 *P93*

家常热面唤醒你

对于大多数中国胃，不分寒暑，早餐非要吃点热乎乎的东西才觉得对路。一口扫下这碗热腾腾的面，感觉自己就能在明晃晃的阳光下，抖擞了精神。

糟卤鸡丝拌面

制作时间：25 分钟　分享人数：2 人

如果汤面是冬日的慰藉，那拌面就是夏日的必需。炎炎夏日，热饭热菜难以入口，那就来一份属于夏天的糟卤拌面吧。糟卤是江南特色的腌卤料，常用来腌制鸭舌、鸭胗、毛豆等，在夏季，用糟卤来拌制凉菜、冷盘，无比清新爽口。

这样做 多睡会儿

提前先做好拌面，在原本分量上多加半勺油，充分拌匀，可防止面条风干，然后放入冰箱保存。

食材 *Ingredients*

面条1把　　鸡胸肉1块　　豆芽1把
青椒1段　　卷心菜叶3片　　糟卤1勺
小辣椒1个　　色拉油1勺　　生抽1勺
盐适量　　白糖适量　　芝麻油适量
白芝麻适量（点缀用）

做法 *Steps*

❶ 锅内烧水，等水烧开后，煮鸡胸肉，熟后捞起晾凉，用手撕成鸡丝，待用。

❷ 锅内再烧水，开始煮面。

❸ 煮面的同时，将配菜洗净，豆芽去根，青椒切丝，小辣椒去子切段，卷心菜叶撕成适口大小；平底锅加热，倒入色拉油。然后将煮至九分熟的面捞起，滤干，倒入平底锅，加生抽、糟卤、盐、白糖拌匀（图1）。

❹ 煮锅水（也可以用煮面的水），水沸后先放入卷心菜叶焯烫10秒左右（图2），捞起，再放入豆芽和青椒丝，熟后捞起。

❺ 盘内盛上拌面，依次铺上卷心菜叶、豆芽、青椒丝、鸡丝，淋几滴芝麻油，用小辣椒（或香菜）、白芝麻少许点缀。

图1

图2

葱油拌面

制作时间：20 分钟　分享人数：2 人

再固执的水泥墙，似乎也难以抵挡一碗葱油拌面飘散的香气。面香、葱香、油香、酱油香气次第弥漫，一次次挠动你的鼻翼。每当胃口差的时候，我总会给自己来一碗葱油拌面。一口下肚，仿佛吞下好多幸福。

这样做 多睡会儿

熬好的葱油一次吃不完可放凉装入玻璃瓶中封存，随时取用，节省不少制作的时间。

食材 *Ingredients*

小葱 1 把	面条 1 份	生抽 1 勺
老抽 1 勺	盐 1 小撮	白糖 1 小撮
色拉油适量		

做法 *Steps*

❶ 小葱洗干净，切掉葱白部分，留几根切葱花，其余切段，放入热油锅中，用热油煸至焦黄（图 1），捞起焦黄葱段，关火。

❷ 煮面至九分熟，用漏勺捞起，冲凉水，待用。

❸ 留有葱油的锅开小火，倒入生抽、老抽，撒入盐和白糖，拌均匀（图 2），关火，倒入滤干水分的面条，快速拌匀。

❹ 撒上新鲜葱花（图 3），最后在面条上摆上焦黄葱段点缀。

图 1

图 2

图 3

还可以这么做

与葱油相比，猪油更能带来浓郁的口感，偶尔一试对健康也不会有太大的影响，还能让舌尖的味蕾更加舒坦。美食家蔡澜也常说：“面，一定要放猪油啊！”猪油做的香葱面，那股美妙的香气，都融在这“哧溜哧溜”的感觉里了。

南瓜毛豆面片

制作时间：20分钟　分享人数：2人

豆角满架，瓜果登场，毛豆的鲜绿，南瓜的暖意，再缀上粉嫩的火腿丁，新鲜又简单的食材被煮得入味绵软，加上手擀面的劲道，热乎乎一碗下肚，是一天最好的开始。

这样做 多睡会儿

南瓜尽量切小丁，更容易煮熟。毛豆可以提前用盐水煮熟，冷藏，煮面片时挖一勺放入即可。

食材 *Ingredients*

南瓜1段　毛豆1把　面片1份

火腿1根　盐1勺　生抽1小勺

白糖1小撮　色拉油适量

做法 *Steps*

❶ 南瓜洗净去皮切丁；火腿切丁；毛豆洗净，待用。

❷ 锅内放少量油，稍翻炒一下南瓜丁和毛豆，加热水煮开后盛出，换个较深的汤锅继续煮至酥软（图1）。

❸ 下面片（图2），用筷子轻搅以免面条粘连，待面片八九分熟时放入火腿丁（图3），加盐和生抽调味，手捏一点点白糖撒入汤中，用于提鲜。

图1

图2

图3

还可以这么做

南瓜甜甜惹人爱，家里的老人和小孩一般都喜欢吃。如果买了整个南瓜，可以将剩下的南瓜切丁煮熟，加点鸡蛋，就可以做成南瓜焖饭了，有时候图方便，直接做成南瓜粥，也是不错的选择。

中式酱油炒面

制作时间：25 分钟　分享人数：2 人

家常传统的中式炒面，用粗圆碱面，口味浓郁有嚼劲，一碗简单的酱油炒面，将微甜溶解在酱油浓烈的香气中。

这样做多睡会儿

稍稍冷冻后的牛肉更易切丝，牛肉丝切得越细越好，这样可以有效缩短烹调时间。

食材 *Ingredients*

小青菜 1 把　口蘑 3 个（草菇也可用）
牛肉丝 1 小碗　面条 1 份　生抽 1 勺
老抽 1/2 小勺　盐少许　白糖少许
鸡精少许　色拉油适量　淀粉适量

做法 *Steps*

❶ 小青菜洗净，口蘑洗净切片；牛肉丝放入碗中，倒入生抽、老抽、少许淀粉腌制，锅内热油，滑炒一下牛肉丝至七八分熟捞起，待用（图 1）。

❷ 锅内煮水，沸腾后关火，将青菜焯烫10~15秒，捞起，冲凉水，待用；将面条煮至七分熟时关火，盖锅盖闷1分钟，捞起待用（可放入凉水盆内）（图 2）。

❸ 煮面的同时，用炒肉丝余下的油快速翻炒口蘑片，八分熟时拌入面条（图 3）。

❹ 再于面条中拌入肉丝和青菜，淋入老抽，加入盐和白糖，用鸡精调味，翻炒至面条上色均匀，出锅。

图 1

图 2

图 3

还可以这么做

时间充裕的话，煎一颗漂亮的太阳蛋盖在炒面上，撒上海苔丝，再配碗味噌汤，更有感觉。

雪菜肉丝面

制作时间：25 分钟　分享人数：2 人

学会炒上几款简单又美味的浇头，每天早晨只需煮碗面，一家人就能吃到热乎乎的盖浇面，每天不重样，何必再吃全是味精的速食面。

食材 *Ingredients*

面条 1 小团	雪菜 1 小棵	猪肉丝适量
毛豆 1 小把（可先用水焯熟）		生抽 1 勺
料酒 1 勺	色拉油 2 勺	淀粉适量
盐适量	白糖适量	

做法 *Steps*

❶ 猪肉丝放入碗中用料酒、淀粉拌匀，腌10分钟。此时可处理雪菜。将雪菜多冲洗一阵儿，去除多余咸味，然后像拧毛巾一样，拧干水分，切成1厘米左右的段（图1）。

❷ 油锅大火烧热转中火，倒入腌好的猪肉丝（图2），快速翻炒至八分熟，盛出，待用。

❸ 平底锅留少许油，大火烧热后倒入雪菜段和毛豆，翻炒1分钟，加热水煮开后，试下咸淡（因为雪菜本身带有咸味，事先尝一下之后好调整咸淡），放入炒好的猪肉丝，加盐（如雪菜已经足够味，可以不用放盐）、白糖、生抽调味，盖上锅盖焖烧3分钟左右，待全熟时出锅。

❹ 另起一锅煮面，面熟后盛出，浇上雪菜肉丝浇头即可。

图1

图2

还可以这么做

“厨师的汤，艺人的腔”，细腻的面还需爽口的汤。若家里没有高汤，那一碗素清汤也不错。清汤做法也没那么复杂，在碗内放少许盐，一点点白糖，生抽1勺，老抽半勺，鸡精少许，芝麻油少许，春夏放葱花，冬季可放青蒜叶，用开水冲开即可。

香菇面筋面

制作时间：25 分钟　分享人数：2 人

对苏州人来说，早饭一碗面就能抖擞一身筋骨。家里男同志也是早面“忠粉”，一碗清爽、滑溜的早面，就是早餐的犒赏。

食材 *Ingredients*

干香菇 6 朵	油面筋 6 个	干黑木耳 6 朵
小葱 2 根	面条 1 小团	色拉油适量
生抽 1 勺	老抽 1 小勺	白糖适量

猪骨高汤（做法见第 43 页）1 份

做法 Steps

❶ 干香菇、干黑木耳提前1小时泡发（香菇用小的干香菇就好，黑木耳泡得很快，香菇略久一些，务必全部泡软，摸下能挤出水就好了，别有硬块，否则不易炒透）。

❷ 泡发好的香菇、黑木耳滤干待用；小葱洗净，切中段，留少许葱段切葱花待用。

❸ 锅内倒油，烧至六七分热，下葱段爆香，倒入香菇和黑木耳，翻炒均匀（图1），春季有鲜笋时可放入笋丝。

❹ 加水、生抽、老抽、白糖调味（如作为什锦素菜就饭吃那就依平时口味，如果作为面浇头调味可以略重一些，这样面汤就无需太咸了），具体按自己口味调整，盖锅盖烧开。

❺ 倒入油面筋，可将其撕碎或者手指戳个洞（图2），又或者整个放进去都可以，撕开的话更能快速入味瘫软，翻炒下让汁水浸透食材，焖烧一会儿。

❻煮好的面条盛入猪骨高汤调好的汤底里，撒葱花，浇上浇头即可。

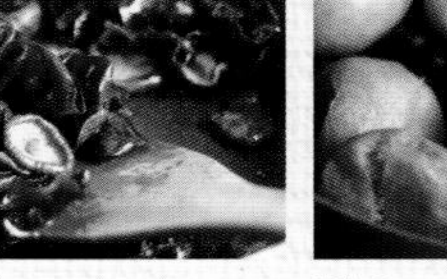

图1　图2

还可以这么做

平常煮面若是清汤寡水，两顿也就腻了，所以换个面浇头就是一碗别样好面，像香菇面筋、爆鳝虾仁都是味道绝佳。早晨下个面条，浇上浇头，随时都能成就一碗美味热汤面。

鲜虾云吞面

制作时间：20 分钟　分享人数：2 人

美食当前，再也没心思去管云吞和面，谁是主角。却见云吞皮薄馅足，粉色鲜虾与半肥瘦肉馅，若隐若现地性感着，不以大为尊，做得恰恰好。上桌后，先抿一口汤，再吃面，最后才吃云吞，慢慢尝出面的筋道和云吞鲜味。

这样做多睡会儿

可以提前做好猪骨高汤，放在冰箱冷藏，煮面的同时热高汤，大大缩短了烹调时间。

食材 *Ingredients*

河虾仁 50 克
云吞皮 20 张
猪肉糜 250 克
鸡蛋 1 个
广东细面 1 份
青虾仁 120 克
鲜香菇 1 个
广东菜心 1 小把
盐适量
白糖少许
生抽 1 勺
葱花少许
料酒少许
广式辣酱少许
猪骨高汤 1 碗
鸡精少许

做法 *Steps*

❶ 将河虾仁剁碎成虾浆拌入猪肉糜，加入鸡蛋、盐、白糖、生抽、鸡精、葱花、料酒搅拌至起浆。鲜香菇洗净切片，菜心洗净，待用。

❷ 包云吞时（云吞包法请参考第139页），每1个馅料内放1~2个青虾仁（如虾仁较大，可将虾仁切两段包入）。

❸ 将包好的云吞下入沸水锅中，熟后捞起待用。

❹ 开始煮面，将面下入沸水锅中，同时在另一个锅中热猪骨高汤，待高汤热好后倒入汤碗。

❺ 面煮至最后1分钟时放入香菇片和菜心，撒盐调味。面熟后捞起倒入汤碗中，放入云吞、香菇片、菜心摆盘，撒葱花，不拒绝辣味的话拌入点广式辣酱，风味更好。

猪骨高汤的做法

汤骨（大棒骨）1~2根，姜1~2片，水适量。按需决定选用汤骨的数量，一般家庭用1根汤骨煮1锅汤底可做4碗高汤。将汤骨斩断冲洗干净，滚水氽烫去血水，捞起放入砂锅，加水至锅八分满（图1），大火转小火煮至猪肉酥软即可（图2），期间需撇去浮沫。（如使用高压锅，上汽后转中小火再煮20分钟即可。）

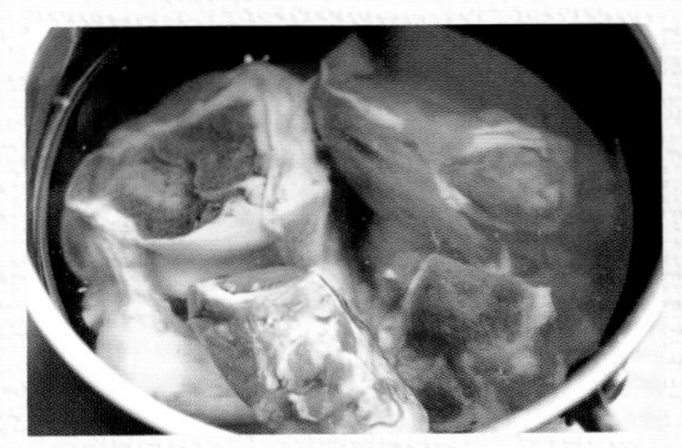
图1

图2

素高汤乌冬面

制作时间：30 分钟　分享人数：2 人

乌冬是一种以小麦粉、盐和水制作的面食，如今，在餐桌上颇受欢迎。以面的特点来说，分为粗面和细面。粗面，咬起来弹牙有黏性，又被称作有腰乌冬；细面，口感幼滑，又被称作无腰乌冬。就我个人而言，更爱有腰乌冬，软硬适中有劲道，给人一种特别的扎实感，用一碗好汤煮着吃，平凡无奇的几道食材完美地包裹着面条，哧溜哧溜一碗下肚，真是大满足。

食材 *Ingredients*

乌冬面1团　昆布高汤1份　小青菜4棵
卤鸡蛋2个　葱花适量　芝麻油少许
盐少许

做法 *Steps*

❶ 面碗内放少许盐，冲入昆布高汤（也可用牛肉高汤）。

❷ 乌冬面煮熟后捞起。用煮面水焯烫小青菜15秒左右捞起，待用。

❸ 汤碗内依次放入乌冬面、摆上小青菜和香菇、松茸（素高汤内材料），切1个卤蛋（做法见第119页，1份面配1个切好的卤面），撒上葱花，淋芝麻油即可。

昆布高汤的做法

干香菇5~6朵，干松茸3~4片（没有可不放），昆布1段。干香菇用水泡发，昆布擦干表面白粉后放入泡香菇的水里一起泡软，待用。锅内放水，放入松茸和泡发好的香菇、昆布，中火煮至沸腾，捞起昆布段，撇去浮沫，将其余材料转小火熬煮15分钟后关火即可（图1、图2）。

图1

图2

牛腩汤河粉

制作时间：30 分钟　分享人数：2 人

食材 *Ingredients*

沙河粉 1 把	生菜叶 2~3 片	豌豆苗 1 把
牛肉高汤 1 份	盐少许	鱼露 1 小勺
香菜适量		

一碗牛腩汤河粉，汤是决胜的关键！浓郁的牛肉高汤是河粉的灵魂，而滑顺柔软又有弹性的河粉、酥软多汁的牛腩，充满活力。

做法 *Steps*

❶ 沙河粉提前用冷水泡软（按照各品牌的河粉使用说明进行处理，这里所用的河粉提示需要浸泡6小时以上），建议前一天晚上泡发。生菜叶、豌豆苗洗净待用。

❷ 汤碗内放盐、鱼露，用牛肉高汤（做法见本页）冲开。

❸ 烧开1锅水，放入河粉，煮3分钟左右，关火捞起，放入汤碗内；用煮河粉的热水焯烫生菜叶和豌豆苗5~8秒，捞出，滤水后铺在汤面上。

❹ 放入牛肉高汤中的牛肉块，撒上香菜即可。

牛肉高汤的做法

牛肉500克，京葱1根，姜2片，八角2颗，花椒1小把，桂皮1根，月桂3~4片，色拉油适量。牛肉切块，清水冲洗，锅内热油，放入京葱段和姜片，接着倒入牛肉块（图1），翻炒至表面变色加水（图2）。将香料放入茶包袋或纱袋，再放入锅内中火炖煮，期间不时撇去浮油浮沫，煮至牛肉熟软，用筷子可轻易插入即可（图3）。

图1

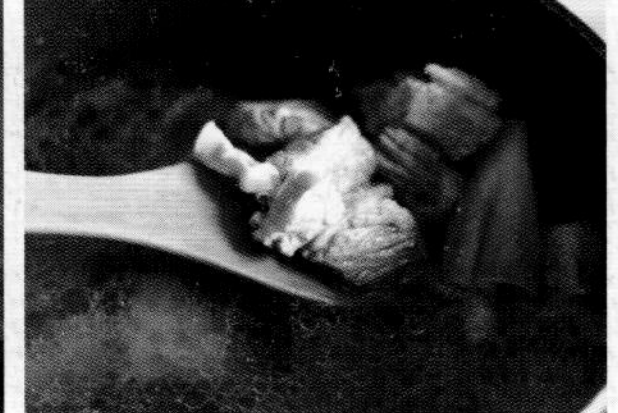

图2

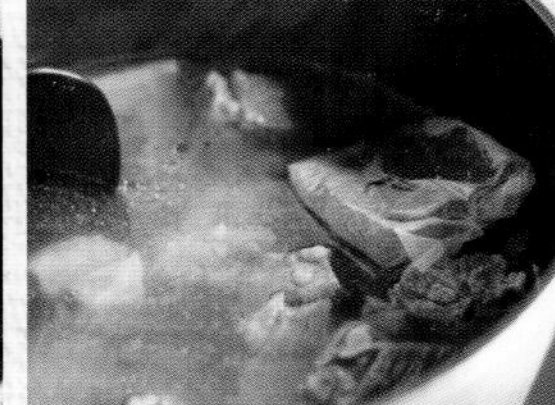

图3

还可以这么做

河粉浸泡好，牛肉用生抽、蚝油、白糖、生粉轻柔搅拌后腌制10分钟，滑炒至七分熟，盛出待用。用炒牛肉多余的油爆下韭菜豆芽，接着下泡好的河粉，拌炒，加老抽、盐、白糖调味。少量加些水以免河粉粘底，最后倒入牛肉拌炒均匀收汁，盛出，撒少许白芝麻点缀。

Day 1 羊角三明治 *P52*
奶香蘑菇汤 *P14*

Day 2 恰巴塔三明治 *P56*
树莓果昔 *P73*

Day 3 菠菜水波蛋 *P54*
海鲜泡饭 *P102*

面包还是三明治，你喜欢就好

最好吃的面包应该有最简单的味道，包裹着热烘烘的香气，有完美发酵的细小酸味和漂亮的纹理组织，单吃也好，用来制作三明治也不错，总之，就是要享受自在随性。

鲜虾法棍塔

制作时间：20 分钟　分享人数：3 人

法棍看似脆硬，内部却充满韧性。用浓滑、香醇的牛油果泥代替沙拉酱，这一层绵密的无添加酱料，营养自然不必多说，口味也愈加清新，而且不用担心摄入过多的热量。

食材 *Ingredients*

法棍 1 条（需要吃几个就切几段，切厚一些）

青虾 6 只（一段法棍搭配一只青虾，按需决定用几只）

西葫芦半个　　牛油果半个　　口蘑 3 个

迷你萝卜 3 个　　橄榄油适量

做法 *Steps*

❶ 口蘑、西葫芦、迷你萝卜洗净切片，待用；法棍厚切几段，待用；牛油果取果肉压成泥，待用。

❷ 平底锅不放油，放入切段的法棍，烘焦香即可出锅。

❸ 接着在平底锅中倒入少许橄榄油，将西葫芦片和口蘑片两面煎熟，待用。

❹ 青虾剪须，洗净后用厨房纸擦干水分（也可直接用大虾仁），平底锅倒入少许橄榄油，放入青虾煎熟。

❺ 每一段法棍上先垫西葫芦片，依次铺上口蘑片、迷你萝卜薄片，取1大勺牛油果泥，放于萝卜片顶部，轻轻压紧，顶部摆上青虾即可。

还可以这么做

将法棍横向切开，放在平底锅里，将底部略微煎一下（无需放油），番茄切片，底部铺生菜叶，依次铺上番茄片、煎好的猪排，淋上黄芥酱，再撒芝士粉即可。或者把猪排换成易熟的龙利鱼，微波炉加热3分钟，撒黑胡椒碎、盐即可。

羊角三明治

制作时间：10 分钟　分享人数：2 人

大名鼎鼎的“可颂”，外皮酥脆、造型挺括、金黄的外观与绝妙的分层，多么想要一口咬进去，让味蕾迎接美味馅料的拥抱！将彩椒丁和蟹味菇混炒的沙拉当馅料，再涂上黄芥酱，这个味道，一定会让你“唇唇欲动”的。

这样做 多睡会儿

提前做好几款不易出水的沙拉配菜和酱汁，存放在冰箱里，早晨只需要切开面包或夹于吐司内，煎个鸡蛋，就好了。

食材 *Ingredients*

羊角面包 2 块　　生菜叶 2 片　　火腿片 2 片
蜂蜜黄芥酱适量　　彩椒菌菇什锦沙拉 1 份

做法 *Steps*

❶ 羊角包用面包锯齿刀对半切开，无需切断。生菜叶洗净，待用。

❷ 底层铺生菜叶，然后铺上火腿片，均匀铺上彩椒菌菇什锦沙拉。

❸ 淋上黄芥酱，选大一些的平盘摆上三明治和沙拉（可以选本书中其他蔬果沙拉作馅料）。

蜂蜜黄芥酱的做法

黄芥酱1勺，蜂蜜半勺，橄榄油1勺，熟白芝麻适量，粗粒芥末籽1勺。将以上所有材料放入碗中拌匀即可（图1）。

蜂蜜花生酱的做法

花生酱1勺，蜂蜜半勺，橄榄油1勺，清水半勺，花生碎适量。蜂蜜加清水搅拌稀释，拌入花生酱和橄榄油，搅拌均匀后撒花生碎。花生碎用刀背碾碎熟花生即可，一般用2~3粒就够了，酱的味道会很浓郁（图2）。

图1

图2

菠菜水波蛋

制作时间：10 分钟　分享人数：2 人

把一颗溏心蛋安放在吐司之上，那吹弹可破的蛋白，一口咬下去，一涌而出的蛋黄，流淌在愉快的清晨，那种满足感能让一整天都元气满满。

这样做多睡会儿

吐司不烤，直接用来制作水波蛋挞也是可以的，只要保持吐司松软就可以。

食材 Ingredients

杂粮吐司 2 片　　培根 1 片　　黄油 1 块
菠菜适量　　白醋适量　　芝士碎适量
鸡蛋 2 个（选择可生食鸡蛋）

做法 Steps

❶ 杂粮吐司切厚片，培根切段，用平底锅煎得四周焦香，待用。

❷ 用煎培根的油煎一下吐司，两面微焦后放晾网以免受潮变软。

❸ 在热锅中放入黄油块，熔化后炒香菠菜，30秒左右，待菠菜软化但还翠绿的时候盛出，分成2份。

❹ 锅内倒水（能完全没过鸡蛋的量），倒一瓶盖量醋，打1个鸡蛋入大汤勺（图1），筷子在锅内画圈打出旋涡。缓缓将勺内的鸡蛋放入，让旋涡帮助蛋白凝结、包覆（图2），待蛋白凝结滤水捞起。

❺ 吐司上铺1段培根，之后铺上热1份菠菜，撒上芝士碎，把水波蛋铺在蔬菜层之上即可，另1份菠菜水波蛋的做法步骤同上。

图1

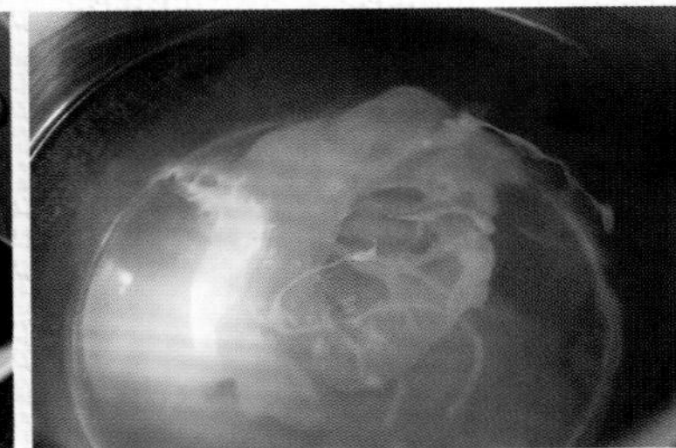

图2

还可以这么做

菠菜水波蛋其实是轻装款的班尼迪克蛋。班尼迪克蛋如今算是早餐榜单上的“网红”了。有时候，我会将培根片换成牛油果片。牛油果号称“植物黄油”，味道绵密，口感香浓，香气也能唤醒你的大脑。

恰巴塔三明治

制作时间：20 分钟　分享人数：2 人

恰巴塔又被称作“拖鞋”面包，它有包裹着大量气孔的面心和硬薄的表皮。用手指一按，就能感受到那份恰到好处的松软与柔韧。用恰巴塔面包搭配浓郁的茄汁肉酱做成三明治，真想给自己的灵感点个赞！

食材 *Ingredients*

恰巴塔面包1个	小番茄1把	番茄1个
洋葱1/2个	罗勒叶1小把	芝士粉少许
茄汁肉酱1份	西班牙火腿片3~4片	

做法 *Steps*

❶ 番茄洗净切片，小番茄洗净切块，洋葱洗净切成圈（可以将洋葱圈泡在水里，降低食材的辛辣味道）待用。

❷ 将恰巴塔面包切开（也可以放在不加油的平底锅内，用小火微微烘一下，会更香）。

❸ 在恰巴塔面包上先铺1片火腿片，再依次平铺摆上罗勒叶、番茄片和洋葱圈，2勺茄汁肉酱，摆上小番茄块，撒上芝士粉即可。另1份恰巴塔三明治的做法同上。

茄汁肉酱的做法

洋葱1个，牛肉糜适量，番茄1个，番茄酱1罐，盐1勺，白糖2勺，黑胡椒碎适量，红酒1小杯，色拉油适量。番茄切小粒（图1），洋葱切细丁，待用。锅内热油炒香洋葱粒，倒入牛肉糜翻炒，接着放入番茄粒和番茄酱，拌炒1分钟后，倒入红酒，加2碗水，加盐、白糖和少许黑胡椒碎煮沸，转小火煮至酱汁浓稠，关火，盛出即可（图2）。

图1

图2

鸡蛋脆培根三明治

制作时间：15 分钟　分享人数：2 人

培根绝对是“肉食星球人”心花怒放的早餐选择。当培根在煎锅上“滋滋滋”渗油、扭转、蜷缩，心已经没有办法坦荡荡啦。这烟熏过的五花肉片偶尔一试未尝不可，配上鸡蛋牛油果做成三明治，肉的焦香味让清晨更加温暖。

这样做　多睡会儿

煎培根的油不适合再次煎蛋，附着的残渣会影响蛋身美观，不想刷锅的话，可以直接用厨房纸擦干净。

食材 *Ingredients*

切片谷物面包2片　培根2片　牛油果半个

鸡蛋2个（选择可生食鸡蛋）　橄榄油少许

黄油1/5块　芝士粉1勺　黑胡椒碎适量

葱段适量（点缀用）

做法 *Steps*

❶ 平底锅放上黄油，将培根两面煎至焦黄香脆，夹起，放在厨房纸上，用厨房纸吸去多余油脂，再将培根片平铺于切片面包上。

❷ 用厨房纸擦干锅内的油，再在锅内倒少许橄榄油，煎太阳蛋。中火热油，打入1个鸡蛋，煎至蛋白起泡后用木铲轻铲一下底部，确定能自由滑动以免底部过焦，转大火煎5秒后盖锅盖，立刻关火，用余温蒸汽闷至表面蛋白凝固，蛋黄保持溏心状态后盛出。

❸ 煎蛋的同时，可以切牛油果片，用挖勺挖出牛油果子，切片待用。

❹ 将煎好的蛋趁热铺在培根上，斜着均匀码好牛油果片，交叉摆两段葱，撒黑胡椒碎和芝士粉点缀。另1份鸡蛋脆培根三明治的做法步骤同上。

早餐速配

多彩果粒燕麦奶糊

食材：燕麦1勺，原味牛奶1瓶（约200毫升），蔓越莓1小勺，熟桃仁1勺，熟腰果仁1勺，蓝莓1把

做法：将燕麦倒进奶锅，锅中再倒入适量清水，煮至燕麦稠糊状，倒入牛奶，小火加热2分钟后关火，撒入蔓越莓，盛出，倒入碗中。撒上炒熟的桃仁和腰果仁，再缀上几粒蓝莓即可。

法式枫糖吐司

制作时间：10 分钟　分享人数：2 人

让清晨寡淡的舌头遇见平淡无奇的白吐司？来点变化吧！试试经典的法式枫糖吐司吧。等黄油浸透吐司的每一个细胞，再淋上枫糖浆，撒上肉松，挤上奶油。这“罪恶”的美味，却总能唤起你的食欲。

这样做 多睡会儿

在超市选购一款喜欢的喷射奶油吧，随时享受冰沁油滑的奶油，节省打发奶油的时间。

食材 *Ingredients*

吐司6片	鸡蛋2个	牛奶1杯
枫糖浆适量	肉桂粉适量	黄油适量
奶油适量	蓝莓1把	

做法 *Steps*

❶ 将鸡蛋磕进一只较大的碗，打散鸡蛋，加牛奶（能浸透吐司的量）拌匀，做成蛋奶液（图1）。

❷ 取1片吐司，放入碗中，让其两面浸透蛋奶液（图2）；平底锅放1小块黄油熔化，放入吐司煎至两面金黄（图3）。依次煎好其他吐司，取2~3片叠放，再趁热放1小片黄油在顶部（图4）。

❸ 食用时淋枫糖浆或糖粉，撒少许肉桂粉，挤上奶油，再撒1把蓝莓即可。

图1

图2

图3

图4

还可以这么做

对吐司的喜好，同样存在着甜和咸两个极端之间的钟摆摇动，有人喜欢吃甜的吐司，有人喜欢做咸的吐司。裹上撒了盐和各种香料以及蛋液的吐司，在油炸之后撒上咸芝士再进行烤制，吐司就变成了一种咸味食物。

金枪鱼彩蔬三明治

制作时间：20 分钟　分享人数：2 人

金枪鱼本就是与美乃滋酱合拍的食材，再加上小番茄片、黄瓜片和火腿，轻轻松松就能做一款家常又好吃的三明治。基本款的金枪鱼沙拉是百搭小能手，搭配彩椒和浓郁美乃滋酱，口感咸鲜爽口，层次分明。

这样做多睡会儿

提前准备好金枪鱼沙拉，可以做饭团、手卷，甚至只是拿生菜叶包一包，也是 100 分的滋味。

食材 *Ingredients*

全麦吐司3片	金枪鱼罐头半罐	小番茄5颗
樱桃萝卜1个	生菜叶2片	黄椒1段
红椒1段	美乃滋酱适量	黑胡椒碎适量

做法 *Steps*

❶ 将生菜叶洗干净沥干水分，樱桃萝卜洗净切薄片；小番茄洗净切片；黄椒和红椒洗净切细丁。

❷ 取半罐金枪鱼肉放入碗中，用勺子碾碎，拌入彩椒丁，挤上美乃滋酱，撒适量黑胡椒碎拌匀（图1）。

❸ 将1片吐司平放好，再于吐司上平铺生菜叶，依次摆上小番茄片和樱桃萝卜片，另1片吐司铺满金枪鱼沙拉（图2），将2片吐司叠加，最后再盖上1片吐司即可，2人分享可以将三明治沿对角线切成两半。

图1

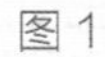

图2

早餐速配

黄瓜汁

食材： 黄瓜1根，冰糖适量

做法： 将黄瓜洗净切片，放入料理机中，加冰糖和水，启动料理机，榨取出黄瓜汁。如果想要味道浓稠一点，可以将冰糖换成原味牛奶，再拌入少量蜂蜜即可。

牛肉汉堡

制作时间：20 分钟　分享人数：2 人

汉堡是大食量人士理想又方便的早餐选择，选择高蛋白的牛肉饼，全麦面包、新鲜蔬菜和菌菇的搭配，营养和饱腹感均是满分。狠狠咬下一口，新鲜番茄酸甜爽口，牛肉饼鲜美的肉汁充满口腔，大满足。

这样做 多睡会儿

牛肉饼可以一次多做些，用保鲜袋逐个包好，冰箱冷冻，需要时取出解冻煎制即可。

食材 *Ingredients*

汉堡胚2个　　洋葱半个　　番茄1个
牛肉饼2个　　生菜叶适量　　芝士片适量

做法 *Steps*

❶ 洋葱横向切圈，浸泡于清水内，去除多余的辛辣味。番茄洗净切片，生菜叶洗净，待用。

❷ 汉堡胚横向切开，分成2块饼皮，切面朝下放入平底锅，两面煎香，用手轻压可快速煎出焦边。

❸ 1块汉堡皮上依次铺上生菜叶、番茄片、牛肉饼、芝士片和洋葱圈，盖上另1块汉堡皮即可，另1个牛肉汉堡的做法同上。

牛肉饼的做法

牛肉糜250克，洋葱半个，鸡蛋2个，面包糠适量，盐1勺，黑胡椒碎适量，白糖适量，生抽适量，红酒1勺，色拉油适量。洋葱切成粒，放入搅拌盆内，再放入牛肉糜、面包糠，磕入鸡蛋，加盐、黑胡椒碎、白糖、生抽拌至起浆，做成肉酱（图1、图2）。用汤勺挖1勺肉酱，放入饼模中稍用力压紧实。不粘锅倒入适量油，中火加热，放入汤勺内的肉饼，用勺子底部轻压整形肉饼（图3）。待两面煎焦黄，倒入红酒，煎至七八分熟即可（喜欢全熟的就多煎一会儿），漏勺滤干油脂，擦去浮沫，平铺于生菜叶上（图4）。

图1

图2

图3

图4

牛油果夹心贝果

制作时间：10 分钟　分享人数：2 人

牛油果味似乳酪，用来做酱料再适合不过，涂在面包、吐司上，比果酱和奶油营养丰富得多。贝果的传统制作方法是在烤制之前还要煮一下的，这道工序可以封存住面团中的水分，口感更有嚼劲，烤制后表面还有温暖的光泽，用它来盛装一个牛油果火腿馅后，这颜值和口味还真不是一般三明治能比的。

这样做 多睡会儿

牛油果直接切片铺在三明治中间，淋上酸奶或美乃滋酱，加入其他水果，简单易做，维生素 C 满满。

食材 *Ingredients*

贝果1~2个　芝士适量　意大利干火腿2片
牛油果1个　黑胡椒碎适量　莳萝叶适量

做法 *Steps*

❶ 芝士室温软化，将贝果平切开，均匀抹上芝士（图1）。

❷ 牛油果用勺挖出果肉，切片，均匀铺在芝士上，另一半贝果平铺火腿片，顶部放莳萝叶点缀（图2）。食用时，既可分两半食用，也可合上“一口咬”。

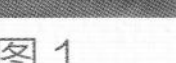

图1

图2

还可以这么做

把火腿片换成牛肉饼，再放点煎蛋和黄瓜片，一个香咸味道的夹心贝果又诞生了！做个柔嫩的美式煎蛋也不难。将鸡蛋（我平时都是选用可生食鸡蛋）磕入碗中后加入少许淡奶油，打散后，倒入锅中，用小火滑炒，蛋液开始凝结就可以关火，用余温让煎蛋熟透即可。

早餐肉松包

制作时间：60 分钟　分享人数：4 人

小时候路过面包房，脚步总会不自觉被面包香味绊住了，后来有一段时间很是迷恋肉松包。某个周末的早晨，我突然想，干嘛不自己做个面包呢？现在，我家的面包机和烤箱从没闲下来的时候。在家做出松软香浓的基础款面包，并不怎么难，只要学会一个主面团做法，馅料你完全可以随心选择，最重要的是，没有化学添加剂！

食材 *Ingredients*

高筋面粉 250 克	牛奶 130 克	白糖 25 克
盐适量	鸡蛋 1 个	黄油 25 克
肉松适量	美乃滋酱适量	白芝麻适量
酵母粉 5 克		

做法 *Step*

❶ 鸡蛋打成蛋液，先将高筋面粉倒入面包机，倒入蛋液，放入盐、酵母粉，再倒入牛奶，用一个和面程序揉至面团扩展阶段（图1）。

❷ 在面团上再放入黄油（图2），继续启动一个和面程序，待面团揉至完全阶段。

❸ 盖保鲜膜室温发酵至2倍大（图3）。如果只能手揉的话，那就卷起袖子干活吧，同样揉至光滑，能出膜最好。

❹ 将发酵好的面团取出排气，平均分割6份，滚圆，盖保鲜膜醒发20分钟（图4）。

❺ 料理台撒干粉，放上面团擀成牛舌状（图5）。挤上美乃滋酱和肉松（图6），从下往上卷起。

❻ 烤箱底层放热水，放进烤盘，面团二次发酵20分钟左右，表面刷蛋液，撒白芝麻，再次放入烤箱，180℃烤制15分钟。

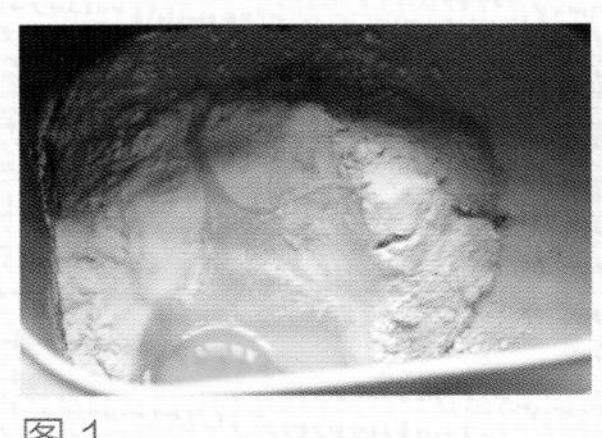
图1

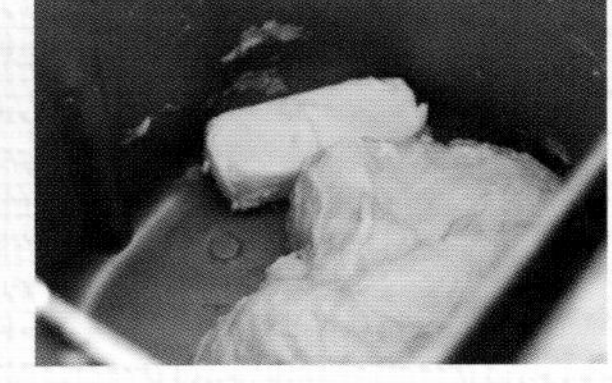
图2

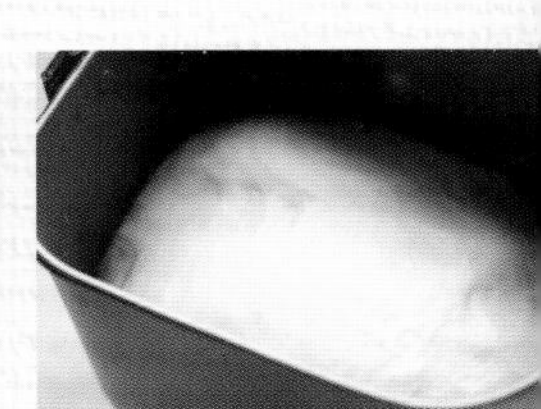
图3

图4

图5

图6

早餐速配

Day 1 **酸奶思慕雪** *P74*
蜂蜜松饼 *P180*

Day 2 **烤南瓜菌菇沙拉** *P76*
牛油果酸奶 *P173*

Day 3 **田园沙拉** *P78*
椰香柠檬鸡 *P170*

y 4 **考伯沙拉** *P80*
猕猴桃酸奶果昔 *P72*

Day 5 **无花果沙拉** *P82*
冰萃奶油摩卡 *P83*

Day 6 **鸡蛋土豆沙拉** *P84*
黄瓜汁 *P63*

Day 7 **藜麦混合沙拉** *P86*
菠菜水波蛋 *P54*

走进沙拉花园

食物最美妙的状态，就是充分发挥它本身的魅力。在沙拉花园里，蔬菜瓜果这类大自然的馈赠是绝对主角。健康轻食沙拉保留了食材的本真，鲜艳的颜色扫除你的困意，让美味自由绽放。

猕猴桃酸奶果昔

制作时间：20 分钟　分享人数：1 人

成熟的蓝莓已经是甜味浓浓的浆果，调和了猕猴桃微微的酸涩。猕猴桃果昔不加1 颗冰，1 粒糖，但懂得用牛奶和蜂蜜的顺滑融化你的心。

食材 *Ingredients*

猕猴桃 2 个　　混合即食麦片 1 把
坚果 1 把　　果干 1 把　　蜂蜜 1 勺
酸奶 1 盒（建议使用自制酸奶或较浓稠的希腊酸奶）

做法 *Steps*

❶ 将猕猴桃去皮，根据杯子大小切6~8片薄片，依次粘于杯壁上（图1），其余切块备用。

❷ 料理机内放入切好的猕猴桃块，倒入酸奶和蜂蜜，启动料理机，打成果昔状（图2）。

❸ 杯子底部倒1层酸奶，接着铺2勺混合麦片，再倒入猕猴桃果昔，再铺1层混合麦片（图3），最后再倒入1层酸奶，顶部摆上坚果粒和果干点缀即可。

图 1

图 2

图 3

还可以这么做

春夏时候，我的早餐通常都是一杯自制果昔。我喜欢吃草莓、蓝莓、树莓等各式新鲜莓果。这些莓果能提供丰富的抗氧化剂，对人体有益。若手边有桃子或油桃，赶快加进去，这两种水果与莓果简直是绝配。

酸奶思慕雪

制作时间：15 分钟　分享人数：2 人

比起玻璃杯内的彩色沙冰，我更喜欢用个大碗盛放这个绚烂的水果舞台：红艳艳的火龙果，甜滋滋的黄桃，还有我最爱的蓝莓果粒，这绚烂的颜色，沁人的甜香，每一勺都豪迈自在，舒服欢畅。给自己一个晨安之吻，如思慕雪。

这样做多睡一会儿

将打碎的酸奶果昔拌入即食麦片，装入密封玻璃罐内，冰箱存放，隔天清晨取出食用，口感更美好，节约很多时间哦。

食材 *Ingredients*

酸奶 1 杯　　火龙果 1 个　　蓝莓半盒
黄桃半个　　即食麦片 1 把

做法 *Steps*

❶ 将火龙果洗净，削去外皮，切成果块，一半果块待用，另一半果块稍后用以榨汁；黄桃洗净，去皮，去核，切成片状，待用；蓝莓洗净待用。

❷ 在料理机中倒入酸奶、火龙果块、蓝莓，启动料理机，将食材打碎。

❸ 将火龙果蓝莓奶浆倒入碗内，铺上切片的黄桃和剩余的火龙果块，再撒上即食麦片即可。

芝麻蜂蜜调汁的做法

2勺蜂蜜，1勺熟的白芝麻。取1个调味碟，倒入蜂蜜，拌入炒熟的白芝麻即可（见下图）。

还可以这么做

随时令变化组合丰富美味的水果沙拉，凤梨、火龙果、无籽提、葡萄柚，点缀薄荷，蘸上自制的芝麻蜂蜜调汁，再搭配一杯鲜榨的西柚橙汁，尝一口，世界都仿佛瞬间清凉很多。

烤南瓜菌菇沙拉

制作时间：10 分钟　分享人数：2 人

第一次吃到这款沙拉是在异地一间咖啡馆。南瓜的绵软，紫薯的清甜，菠萝的微酸，丰富的味道令人惊喜。多种食材组合在一起，无需过度淋酱调味，只需少许盐和黑胡椒碎提味即可感受食材原味之美妙。鲜美菌菇的加入也毫不违和，搭配爽脆生菜使口感进一步提升。

这样做多睡一会儿

豆芙一定要熟透才能食用，所以可以提前焯熟，放在冰箱里，制作菌菇沙拉时，再炒制即可。

食材 *Ingredients*

菌菇适量　　豆荚1把　　南瓜1段
紫薯1个　　菠萝2片　　球生菜1/3个
小番茄5颗　　盐少许　　橄榄油适量
黑胡椒碎适量

做法 *Steps*

❶ 所有材料洗净，控干水分，南瓜切适口大小块状，紫薯滚刀切块，菠萝切丁，待用。

❷ 烤箱200℃预热，烤盘垫锡纸后均匀铺上南瓜块、紫薯块和菠萝丁，用刷子均匀刷上1层橄榄油（图1），放进烤箱，200℃烤制20分钟。

❸ 豆荚去筋，平底锅放少许橄榄油，翻炒菌菇和豆荚（图2），手捏1小撮盐均匀撒入，炒至断生后关火，取出烤盘，将菌菇豆荚铺于烤盘上（可连菌菇的汁水一起倒入烤盘）（图3）。撒入少许黑胡椒碎，继续烤至表面收干水分即可（图4）。

❹ 将球生菜用手掰下叶子撕成适口大小的若干份，铺垫于沙拉碗内（图5），小番茄十字切开放入沙拉盘中。

❺ 将烤好的南瓜菌菇拌入沙拉盘，淋上橄榄油，再撒上黑胡椒碎即可。

图1

图2

图3

图4

图5

田园沙拉

制作时间：15 分钟　分享人数：1 人

新鲜饱满的鹰嘴豆，口味醇香馥郁，加上各种“素”材，简简单单调味，清新气息扑面而来。夏夜、凉风、虫鸣，从轻快的梦里醒来，迎接你的，是更快乐的清新之味。

这样做多睡会儿

偶尔选用一些罐头谷物（豆子、玉米等），其实也是不错的选择，还能大大缩减制作早餐的时间。

食材 *Ingredients*

黄瓜半根　樱桃萝卜 3~4 个　罐装鹰嘴豆 1 小碗

罐装甜玉米 1 小碗　洋葱半个　白煮蛋 1 个

油醋汁适量　黑胡椒碎适量

做法 *Steps*

❶ 将所有蔬菜洗净，洋葱切开后浸泡于冷水内以去除多余辛辣味（图 1）。

❷ 黄瓜切丁，樱桃萝卜滚刀切块，放于1个大的沙拉碗内，挖2勺鹰嘴豆和玉米粒，滤干洋葱，放入沙拉碗内。用手掰碎数瓣白煮蛋，撒上黑胡椒碎、油醋汁，拌匀即可（图 2）。

油醋汁的做法

橄榄油3勺，果醋1勺，柠檬汁1小勺，欧芹碎1撮。将以上调料汇入杯中，均匀混合即可（油和醋的比例约3∶1）（图 3）。

图 1

图 2

图 3

考伯沙拉

制作时间：10 分钟　分享人数：2 人

丰富自由的组合，健康自然的营养搭配，这就是人气考伯沙拉。轻食一族的你，每天可变换餐盘里的不同配色，组合出更多惊喜。

再来一杯柠檬汁，沁透心脾，早晨的空气是不是清新了很多？

食材 *Ingredients*

生菜1把　鹌鹑蛋5~6个　黄椒1段
鸡里脊肉1~2块　甜玉米1根　猕猴桃1个
小番茄5~6颗　牛油果半个　坚果1小把
油醋汁适量　蜂蜜少许　黑胡椒碎适量
罐头青豆适量（可替换成罐装鹰嘴豆、黄豆等）
橄榄油少许

做法 *Steps*

❶ 鹌鹑蛋煮熟（图1），剥壳；生菜洗净擦干水分，切细丝；黄椒切长条，牛油果和猕猴桃肉切丁，待用。

❷ 平底锅放少许橄榄油，煎熟鸡里脊和黄椒条（图2），撒黑胡椒碎。黄椒用厨房纸擦干多余油脂，再将鸡里脊切小段，待用。玉米掰两段竖着切下整排玉米粒，再用手掰成小段，待用。

❸ 取1个较大的餐盘，底部铺满生菜叶（图3），从中间开始向两边均匀排列食材（食材颜色搭配组合，尽量铺得有堆积感）。食用前撒上坚果，淋蜂蜜和油醋汁（做法见第79页）即可。

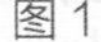
图1

图2

图3

无花果沙拉

制作时间：20 分钟　分享人数：2 人

无花果甜美多汁，而且能养护我们的大脑，初秋的早上来一份无花果入馔的沙拉，大脑总能被温柔地唤醒。

食材 *Ingredients*

无花果 3~4 个　脆桃 1 个　芦笋 1 把
小番茄 5 颗　蟹味菇 1 小把
坚果（腰果、核桃、夏威夷果、扁桃仁等）适量
红酒油醋汁适量　黑胡椒碎适量　盐适量
橄榄油适量

做法 *Steps*

❶ 将新鲜的蔬果洗净擦干水分；坚果如果是生的，可放入平底锅（不放油）小火炒熟，放凉备用。

❷ 芦笋去老根切小段，小番茄对半切开，脆桃去皮滚刀切适口小块，蟹味菇切小段，无花果去蒂、米字切开。

❸ 平底锅倒入少许橄榄油，煎熟芦笋段和蟹味菇，手捏1小撮盐均匀撒入，拌匀，盛出。

❹ 所有材料放入沙拉碗内，淋红酒油醋汁（做法见第161页），拌匀，撒入黑胡椒碎和坚果粒。

早餐速配

冰萃奶油摩卡

食材：

可可粉10克
挂耳咖啡1包
巧克力酱少许
肉桂粉适量
喷射奶油适量

做法：

前一晚将挂耳咖啡包开封口，用小勺倒入可可粉。将咖啡包放入1只中号咖啡杯内，用冷水冲泡，放入冰箱冷藏萃取。第二天将挂耳滤包取出，倒入容器，挤上奶油，表面淋上少许巧克力酱，撒上肉桂粉即可。

鸡蛋土豆沙拉

制作时间：15 分钟　分享人数：2 人

绵软的土豆泥是家中小朋友最爱吃的食物之一，水煮蛋的蛋白白嫩弹牙，再拌入了浓香的美乃滋酱，简直是欲罢不能。好吧，这下只能跟孩子一起抢食物吃啦。

土豆和蛋黄的绵软口感，是不是正需要一杯香甜牛奶来配呢？能量足够了！

食材 *Ingredients*

土豆2个　　黄瓜1段　　白煮蛋1个
火腿片适量　　美乃滋酱2大勺　　果醋1勺
黑胡椒碎1勺　　欧芹碎1勺

做法 *Steps*

❶ 土豆煮熟去皮，放入搅拌盆，用铲子压成大小颗粒状（不是泥状，依然能吃出土豆颗粒口感）（图1）。

❷ 将黄瓜切薄片（图2），火腿片切丁，八分熟的白煮蛋切大块，待用。

❸ 土豆泥冷却后拌入美乃滋酱和果醋，搅拌入味，接着放黄瓜片、火腿丁拌匀。

❹ 将沙拉装入干净的碗内，表面随意铺上鸡蛋块，撒黑胡椒碎和欧芹碎点缀即可。

图1

图2

还可以这么做

将土豆研磨成泥状，拌入黄瓜片、鸡蛋丁、火腿丁和美乃滋酱，然后抹在2片吐司上，3片叠加，斜刀切开，即是美味的土豆沙拉三明治。

藜麦混合沙拉

制作时间：26 分钟　分享人数：2 人

很多健康组织推荐的藜麦近年来十分受欢迎，对于素食者来说，藜麦接近人体氨基酸组成的优质蛋白质，可以让营养更均衡。近来藜麦是素食沙拉界的人气选手了，有了牛油果的参与，使本身略显清淡的蔬果沙拉多了一份醇厚柔韧之感。通常我会选 NCOLOR 的无彩釉沙拉盘来盛装，这样看着更简约，更舒心。

清新的沙拉，搭配鲜橙汁最适合不过，柑橘的清香恰到好处地提升了沙拉的滋味。

食材 Ingredients

藜麦 25 克　梨半个　牛油果半个
小番茄 6 颗　黄瓜 1 段　玉米粒 2 勺
柠檬汁（也可用橙汁，或者鲜橙挤汁水）少许
红酒油醋汁 1 勺　橄榄油少许　盐少许
黑胡椒碎少许　蜂蜜少许

做法 Steps

❶ 藜麦洗净，浸泡10分钟，加水煮10分钟，捞起待用（图1）。

❷ 梨切细丝，牛油果切块（作为沙拉用途，可选熟度中等的果实，不要过于成熟），小番茄切丁，黄瓜切片，待用。

❸ 将以上食材加玉米粒一同放入搅拌盆内拌匀，倒红酒油醋汁（做法见第161页）、橄榄油、盐和黑胡椒碎，挤1片柠檬汁，加蜂蜜1勺，拌匀后倒入沙拉盘即可（图2）。

图1

图2

还可以这么做

藜麦同样可以用来做藜麦饭，将番茄、洋葱煸炒出香味，放入藜麦、茄汁鸡肉丝、玉米，加水上锅蒸20分钟左右（小份烹制时间略短一些），加少许盐、黑胡椒碎调味即可。

早餐速配

Day 1 五彩炒饭 *P90*

家常味咸豆浆 *P20*

Day 2 台式卤肉饭 *P92*

玫瑰乌龙茶 *P93*

Day 3 茄汁牛肉蛋包饭 *P94*

芒果奶昔 *P95*

米饭，粒粒皆长情

一提到米饭，再熟悉不过。对很多南方人来说，一说吃饭，自然而然就是吃米饭的意思。其实对于长着“中国胃”的我们来说，走遍西餐林立的街区，舌根依然会执着于米饭的香气与口感。最初对食物的美好愿望，一碗米饭，就能做到。

五彩炒饭

制作时间：15 分钟　分享人数：2 人

而炒饭的奇妙之处，或许就是一种包容的滋味。他家炒饭爱拌点辣椒酱，你家倒油后还得切点洋葱末，我家偏爱来个果蔬配坚果。味道不一样，却一样牵扯着私家的情感与回忆。

这样做多睡会儿

水分不多的隔夜饭可是炒饭粒粒分明的关键，而且不用一早起来急急忙忙煮饭。

食材 *Ingredients*

熟米饭1碗　黄椒半个　红椒半个
洋葱半个　西蓝花1/4个　色拉油少许
火腿（或午餐肉）2片　盐适量

做法 *Steps*

❶ 将黄椒、红椒、洋葱洗净切丁，西蓝花掰小朵，火腿片切丁待用。

❷ 平底锅倒入少许色拉油，爆香洋葱丁，出香味即可放入米饭翻炒，接着放入准备好的其他食材（图1），翻炒后加盐调味即可（图2）。

图1

图2

还可以这么做

有些孩子可能并不喜欢吃甜椒和洋葱，不必勉强，那就做个芦笋什锦炒饭。用芦笋、青虾仁、火腿丁、香菇丁和鸡蛋就可以做出另一种香喷喷的五彩炒饭。

台式卤肉饭

制作时间：20 分钟　分享人数：5 人

肥瘦相间的猪五花肉，炖煮到酥软入口即化，油脂包裹住每一颗米粒。如果是面食爱好者，保留卤肉的原汁原味，搭配面条重新演绎，创造舌尖上的不同刺激。做好卤肉料，做饭下面都不愁。

这样做 多睡会儿

用来做卤肉饭的肉酱，前一晚做好放冰箱，第二天放微波炉加热也是可以的。

食材 *Ingredients*

猪五花肉 400 克	鲜香菇 4 个	白煮蛋 5 个
小青菜 4 棵	米饭 1 碗	油葱酥 2 勺
姜 3 片	酱油膏 1 勺	生抽 1 勺
老抽 1 勺	老冰糖 2 块	色拉油少许

八角 3 个（按个人口味调整）

做法 *Steps*

❶ 肥瘦均匀的猪五花肉（五花宁可肥勿太精、过瘦，否则入口感觉柴）切条状细丁。鲜香菇、姜洗净，切细丁。

❷ 锅内少油，爆香姜丁，下猪五花肉，煸炒至表面变色，倒入香菇丁（图 1），加生抽、老抽、酱油膏、老冰糖（按个人喜好增减）、八角，加水至完全没过材料，中火煮熟后移至砂锅，放入白煮蛋（图 2），煮至肉质酥软，白煮蛋即成百香蛋。

❸ 在做卤肉酱的同时，可以用小锅烧开 1 锅水。在锅内放入小青菜，烫熟后捞出，放在碗内盛好的米饭上，撒上油葱酥，淋上肉酱，摆上切开的百香蛋。

图 1

图 2

早餐速配

玫瑰乌龙茶

食材： 玫瑰干花 2 朵，乌龙茶茶包 1 个

做法： 将乌龙茶茶包和玫瑰干花放入杯中，煮开一壶水，用沸水冲泡，泡 2 分钟后即可。玫瑰乌龙茶能解腻去燥，吃完卤肉饭后，稍微过一会儿，稍稍喝点玫瑰乌龙茶，心情也跟着清爽起来。

茄汁牛肉蛋包饭

制作时间：20 分钟　分享人数：2 人

茄汁蛋包饭，一听这名字，是不是也会想起那一层蛋皮，那酥黄蓬松的皮层和让人毫无抵抗力的香味……当蛋皮裹着肉酱和米饭出现在你面前，你是不是已经迫不及待地想要挥动起叉子或筷子了？别急，再淋上一层浓浓的番茄酱，让这美味更加销魂。

这样做 多睡会儿

茄汁肉酱饭可以在前一晚做好，第2天用微波炉直接加热就可以用来做蛋包饭了。

食材 *Ingredients*

熟米饭1碗　牛肉糜1小碗　芦笋1小把
鸡蛋2个　黑胡椒碎少许　欧芹碎少许
番茄酱1勺　番茄沙司适量　盐适量
色拉油少许　白糖适量

做法 *Steps*

❶ 芦笋洗净去老根，沸水焯15秒左右捞起，浸凉水待用。

❷ 油锅烧热，放入番茄酱，翻炒出香味加入牛肉糜，拌炒均匀后放入熟米饭，加盐、白糖调味，盛出茄汁肉酱饭待用。

❸ 鸡蛋打散，平底锅放少许油，中火烧热后倒入蛋液，提起手柄，将锅子轻柔转圈使蛋液均匀覆盖呈圆形（图1）。

❹ 待蛋液80%凝固后，转最小火，用勺子压紧事先炒好的茄汁饭，摆于蛋饼靠前位置（图2）。米饭位置决定蛋包饭的形状，稍稍露一点蛋皮出来，看着就更有期待啦。

❺ 最后将芦笋整齐摆放入盘，淋上番茄沙司，撒黑胡椒碎和欧芹碎点缀即可。

图1

图2

早餐速配

芒果奶昔

食材：桂七芒果（普通的大芒果也可以）1个，冰糖1块，牛奶1盒

做法：将芒果从中间切开，然后划十字刀，剥出果肉，放入料理机，再倒入牛奶和冰糖，搅打2分钟即可。夏天的时候，可以再放入冰块，这就更加爽口啦。同样是吃一份蛋包饭，有芒果奶昔做配角，味道和心情都会更欢畅。

香酥鸡块盖饭

制作时间：30 分钟　分享人数：2 人

适口大小的鸡块，裹着金黄香酥的皮，咬下去外皮香脆，肉渗出鲜嫩的鸡汁，配上热米饭，食欲大增，直呼过瘾。这款炸鸡用最家常快手的炸面拖做法，省去了反复蘸炸料的步骤，当然，换成炸猪排同样美味。

香酥流汁的鸡块，再配一杯柠檬汁或玄米茶，清香解腻，香味和鲜味统统都满足了。

食材 *Ingredients*

去骨鸡腿肉3整块	卷心菜1/4个	米饭1碗
面粉2大勺	鸡蛋1~2个	椒盐粉1勺
白糖1勺	美乃滋酱适量	盐1勺
香松海苔适量（点缀用）		色拉油适量

做法 *Steps*

❶ 搅拌盆内放入面粉，磕入鸡蛋并拌匀成糊状，加盐、椒盐粉、白糖再次搅拌。

❷ 去骨鸡腿肉片切成适口大小，擦干表面水分，逐个放入搅拌盆内浸透面糊，可静置腌10分钟左右。

❸ 油锅烧热到180℃左右（滴1滴面糊入油锅，见迅速起泡膨胀浮起，说明油温已够），逐个放入鸡块。

❹ 不要急着翻面，待面衣完全包裹住，开始膨胀底部呈金黄色后，用筷子翻面，煎至两面金黄，捞起放滤网滤干油脂。

❺ 卷心菜切细丝，摆入盘中，淋上美乃滋酱，米饭上平铺鸡块，撒少许香松海苔点缀。

早餐速配

青柠夏日饮

食材： 青柠檬2片，薄荷叶适量，雪碧1瓶（500毫升）

做法： 为了更好地打开这份香喷喷的鸡块盖饭，可以先来1杯青柠饮料提神。把青柠檬切片和薄荷、雪碧一起倒进1个大瓶子里，入冰箱冷藏3小时左右就行。一拧开，就能闻到初夏小雨般的鲜活味道。再把柠檬汁倒进NCOLOR的陶瓷杯里，由里到外的清新气质。

椰浆菠萝饭

制作时间：30 分钟　分享人数：3 人

想吃椰浆饭？还是菠萝饭？那么就组合一个椰浆菠萝饭，椰浆和糯米煮出清香的米饭，再加以鲜美虾仁和新鲜菠萝炒制，这绝对是让味蕾醒过来的时刻。这一份颇有东南亚风情的早餐，咸咸酸酸甜甜，果香溢人。

炒饭余下的菠萝切块放入料理机，加冰水搅打成菠萝汁，可平均分两杯，再缓缓倒入啤酒或气泡水中，挥动筷子前先来杯爽口的菠萝饮品吧！

食材 Ingredients

大米1杯	糯米大半杯	椰浆1杯
黄椒半个	红椒半个	虾仁10个
盐1勺	欧芹碎1小勺	色拉油适量
菠萝半个		

做法 Steps

❶ 先将大米和糯米混合，冲洗干净，放入电饭锅中，加混合的清水和椰浆，按正常煮饭流程操作。

❷ 将黄椒和红椒切细丁，菠萝切丁，待用（图1）。

❸ 锅内倒少许油，下彩椒丁爆炒后加入虾仁，接着放入菠萝丁，翻炒略微出汁后倒入煮好的热椰浆饭，翻炒均匀后加盐调味，盛出，放入碗内，撒上欧芹碎即可（图2）。

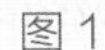

图1

图2

还可以这么做

“摇啊摇，摇到外婆桥，菠萝船来啦……”孩子会特别喜欢有菠萝船的菠萝饭。将菠萝肉挖空后，拿这菠萝碗来盛菠萝虾仁饭，孩子一边吃着，一边心里也乐着。

三文鱼碎芝麻饭团

制作时间：20 分钟　分享人数：3 人

饭团的迷人之处在于方便？还是饭团内馅里那未知的惊喜？梅子馅、鸡肉馅、鱼肉馅……每一款妈妈亲手捏起的饭团里都是满满的心水之作。而那各种可爱的形状更是展现了每一位超人妈妈的想象力。

食材 *Ingredients*

三文鱼2块　熟白芝麻适量　米饭适量
芝麻油1勺　寿司醋2勺　美乃滋酱适量
芥末海苔或香松海苔适量　盐少许

做法 *Steps*

❶ 三文鱼切丁、煎熟，盛出待用（图1）。

❷ 在拌碗内放米饭（温热的最佳），倒1勺芝麻油，拌入炒好的三文鱼丁、熟白芝麻（图2）、少许盐和一点寿司醋调味，拌匀。没有寿司醋可用醋加糖拌匀，醋和糖的比例是1 ： 2。

❸ 双手洗净蘸清水，取适量三文鱼饭轻柔捏成圆状（新手的话，圆形相对好捏），两手柔力压紧压实。

❹ 重复以上操作，做出多个饭团，放入盘中，撒上芥末海苔，淋上美乃滋酱即可。

图1

图2

还可以这么做

鸡蛋饼切丁拌入金枪鱼、甜椒丁、美乃滋酱，搅拌成金枪鱼沙拉。微热的米饭，拌入寿司醋，撒少许白芝麻，拌匀。取一张手卷海苔，在左上方铺一勺寿司饭，依次摆上牛油果片，甜椒条、豌豆苗、金枪鱼沙拉，从左边向内折卷再将右边的海苔向内卷折，就能做出三角形的牛油果金枪鱼手卷了。

海鲜泡饭

制作时间：15 分钟　分享人数：3 人

泡饭，有别于粥，无需煮至黏稠。江南一带早餐的家常主食，菜泡饭最为常见，也是家庭解决隔夜米饭的好办法，适当加上些干贝、鱿鱼、虾等海鲜提味，风味十足。

食材 *Ingredients*

鱿鱼肉 1 段　冷冻干贝 5 块　广东菜心 3~4 棵
米饭 1 碗　水或高汤适量　油条半根
胡萝卜丝（或欧芹碎）适量　盐 1 勺
芝麻油 1 勺

做法 *Steps*

❶ 鱿鱼肉洗净去衣，切小段。冷冻干贝提前解冻、滤水。广东菜心和油条切小段，待用。

❷ 锅内加水煮沸后，下米饭，再次煮开后放入干贝和鱿鱼段，再转中火煮3分钟后放入菜心段和胡萝卜丝，菜心熟软后加少许盐拌匀即可。

❸ 食用前可淋少许芝麻油，放上油条段即可。

早餐速配

松子拌红绿丝

食材： 菠菜1把，盐1小勺，芝麻油适量，胡萝卜半根，白糖1小勺，松子1小把，生抽1勺

做法： 菠菜洗净去根，胡萝卜去皮切丝，松子用微波炉加热20秒，放凉。滚水焯烫菠菜10~15秒，胡萝卜丝20秒（可根据个人口味调整时间，决定蔬菜的生熟程度）后捞起滤干水分。菠菜用手握拳控干水分，取1个深盘，将菠菜和胡萝卜丝放入盘子，加少许盐、白糖和生抽，淋少许芝麻油拌匀，撒上松子，即可。

荠菜炒年糕

制作时间：15 分钟　分享人数：2 人

小时候会问妈妈："年糕是用什么粉做的？"好像在年糕身上已经找不到粒粒大米的痕迹了。实际上，年糕未曾改变米的原香，反而让米的味道在一口口的咀嚼中更动人。如果你也是厨房达人，炒一盘充满镬气的年糕不在话下。

食材 *Ingredients*

荠菜1份　猪肉丝1小碗　宁波年糕4条
色拉油1勺　盐1小勺　白糖1勺
料酒1勺　生抽1勺　淀粉1勺
水1大勺

做法 *Steps*

❶ 荠菜洗净拧干水分，切末，待用。

❷ 猪肉丝用料酒、淀粉拌匀，腌5分钟。年糕切片，待用。

❸ 锅内放少量油，油热后，滑炒肉丝至七分熟，将肉丝盛出，放入小碗，待用（图1）。

❹ 锅内再放少量油，油热后，下年糕和荠菜，翻炒。如果年糕是硬的或冷藏切片，炒的时候需要加少许水；如是新鲜微软的年糕，则直接炒制即可（图2）。

❺ 倒入肉丝，继续翻炒，加盐、白糖、生抽调味，炒至年糕微焦，出锅（图3）。

图1

图2

图3

还可以这么做

炒年糕一直以来都是我家四季常备菜谱，配菜可根据季节更换品种，一般在冬天，我也会做1份泡菜炒年糕。宁波年糕炒得微黄焦香，爆炒的肉丝和泡菜油润喷香。

早餐
速配

Day 1 **中式蛋饼** *P108*
家常味咸豆浆 *P20*

Day 2 **椒盐葱油饼** *P110*
紫菜蛋皮馄饨 *P137*

Day 3 **焦香蛋米饼** *P112*
红枣豆浆 *P21*

饼和蛋，做得香香的

中国人还是很喜欢吃面食的，一块饼能翻来覆去做出许多花样来，煎炒炸蒸，或薄或厚。
当不同的食材融入面团，或丰富的馅料卷进面皮，顿时就有了温柔的中和，
相互凸显彼此的存在。

中式蛋饼

制作时间：20 分钟　分享人数：2 人

上班路上，走过街边的煎饼摊，我常常被摊主麻利的烙饼手法吸引，放上几片生菜叶，夹入鸡蛋、火腿，抹一层酱。作为经典的中式面食，它一直是很多上班族的早餐最爱。

这样做多睡会儿

家里常备一些半成品的饼皮，早晨快速就能解决一餐，油和酱汁、馅料都能按喜好自己调整，吃得安心。

食材 *Ingredients*

鸡蛋 2 个　　蒽花 1 把　　油条 1 根
墨西哥饼皮 2 张　　色拉油适量　　甜面酱适量

做法 *Steps*

❶ 平底不粘锅内倒少许油，中火加热。取1张饼皮平铺于锅内，用手顺势转1圈，让油均匀地擦满整张饼皮。手指感觉到温度升高至烫手程度，快速拎起边缘，翻面（图1）。

❷ 煎至饼皮出现微微膨胀，出现大小气泡时，转小火，快速打上1个鸡蛋（图2），用木铲或硅胶刀均匀抹平蛋液（不要用铁铲，以免戳破饼皮）。

❸ 撒上葱花。第一次做，可以事先切好葱花待用，如已熟练，可在煎饼的同时拿剪刀平均地剪落葱花（图3）。用平铲提起1面，另一只手捏住饼皮，快速翻面。

❹ 翻面后用铲子轻轻压几下饼皮，使其均匀受热，表面出现漂亮的焦黄色。

❺ 关火，将饼平铺在干净的砧板上。取小半勺甜面酱，用勺子底部均匀抹开（图4）。

❻ 剪半根油条（图5），卷起，底部包上油纸或厨房纸，可以握在手中食用（图6）。按此做法接着做第2个。

图1　图2　图3
图4　图5　图6

椒盐葱油饼

制作时间：25 分钟　分享人数：4 人

最家常的葱油饼，做得层层分明，再铺上满满的葱花，咸香酥脆，又弥漫着浓郁葱香，轻而易举地俘获了心和胃。

食材 *Ingredients*

中筋面粉 350 克　盐 2 茶匙　椒盐粉 2 茶匙
色拉油适量　葱花 1 碗　熟白芝麻少许
水 210 克（每款面粉吸水性不同，可预留 10~20 克，据面团状态增减）

做法 *Steps*

❶ 搅拌盆内放入面粉，一边慢慢加水一边用筷子画圈搅拌至絮状，接着用手揉面至基本光滑，然后将面团盖上保鲜膜松弛20分钟。

❷ 将松弛好的每个面团用刮刀平均分成2份，暂时不用的面团继续盖保鲜膜以免风干，案板撒干粉，用擀面杖将1个面团擀成长方形薄片。

❸ 用刷子均匀刷上色拉油，再撒上葱花、1茶匙盐和少许椒盐粉（图1），由上至下卷起，接着用刀从中间划开（图2），切面朝上，侧面刷油，从一端向内卷起（图3），尾部粘合或往底部塞紧（图4），拍扁，擀面杖轻轻擀成圆饼状（图5）。

❹ 平底锅刷油，放入葱油饼，两面煎至焦黄，摊放在盘中，撒上熟白芝麻即可（图6）。

图1

图2

图3

图4

图5

图6

焦香蛋米饼

制作时间：25 分钟　分享人数：2 人

念念不忘童年的粢饭糕？那就利用冰箱多余的剩饭，来做份蛋米饼吧。简单调味，米粒焦香，口感和心情都是满分。

快换了豆浆+油条的组合，你会发现，离开了油条的豆浆，似乎与米饼也很般配。

食材 *Ingredients*

鸡蛋2个　　米饭1大碗　　盐少许
黑胡椒碎少许　　熟白芝麻少许　　椒盐粉少许
葱花少许　　色拉油适量

做法 *Steps*

❶ 米饭（最好是温热的，比较好搅拌）放入深碗，打入鸡蛋，加黑胡椒碎和盐搅拌均匀成蛋米糊（图1），务必让蛋液完全包裹住每1粒米（蛋液帮助米饭粘合，如米饭量大，可再加1个鸡蛋）。

❷ 平底锅倒入少量油加热，取1小勺蛋米糊于锅中心，煎至底部焦黄，顶部可用平一些的铲子或竹木片轻压成薄饼状，平铲翻面（图2）。

❸ 另1面煎黄，取出放于吸油纸上，以吸去多余油脂，摆盘，撒熟白芝麻、椒盐粉、葱花。

图1

图2

还可以这么做

将米饭用汉堡模具压成2块饼状饭团，中间加点海苔、生菜、肉松，再来1块炸猪排。孩子一定乖乖地拿在手里大口大口吃起来！

京葱肉饼

制作时间：30 分钟　分享人数：3 人

这是一款非常简单快速的肉饼，无需特别称量，也无需发酵等步骤，还可以帮助消耗包饺子、包馄饨等用剩下的肉馅料。

这样做多睡会儿

可以直接利用购买的饼皮，省去揉面、制作面皮的过程，将馅料夹入饼皮中间，用擀面杖擀薄，放入油锅煎到金黄即可。

食材 *Ingredients*

水适量　　京葱1根　　鸡蛋1个
中筋面粉适量　　牛肉糜适量　　生抽2勺
盐少许　　白糖适量

做法 *Steps*

❶ 京葱洗净切末。将牛肉糜放入搅拌盆，磕入鸡蛋，倒入京葱末、盐、生抽、白糖（图1），拌匀起浆。

❷ 搅拌盆内按需放适量面粉，逐步少量加水，用筷子画圈搅拌至絮状，碗壁无大堆干粉即可。手和案板拍些干粉，揉面至光滑，面团湿润柔软略粘手。揉好的面团盖上保鲜膜或湿布醒发20~30分钟（图2）。

❸ 料理台撒干粉，将面团一分为二，取1个面团拍扁擀面杖擀成正方（偏圆）形（图3）。将肉馅均匀平铺于面饼上，四周用刮刀各开两道口，右下角留白，方便之后粘合（图4）。

❹ 按（右—左—中间）步骤，逐个覆盖，先将留白的1块覆盖中间的面饼，再将左边的面饼覆盖叠加到中间，接着将面饼往上叠加，依次操作（图5）。

❺ 用手适当整形，将四周粘合，轻轻拍扁面团，案板撒干粉，面团表面撒干粉，擀面杖上下左右将面饼擀薄（图6）。

❻ 不粘锅放油，用刮刀帮忙铲起面饼平铺于锅内，一面煎焦黄后翻面，继续煎至全熟（面饼较大的话，建议左右手各用2把锅铲，同时翻面）。

图1　图2　图3
图4　图5　图6

鸡蛋培根烧饼

制作时间：20 分钟　分享人数：2 人

烧饼是哪儿都能买到的传统早餐。谁说烧饼一定要配油条香菜，培根一定要配面包？换换花样吧，试试用烧饼代替面包来包裹鸡蛋培根，这对“混双选手”更能征服你的嘴哦。

不论是烧饼夹油条一起吃，还是烧饼包馅，烧饼刚出炉的时候咬上一口，香酥的滋味让一早的味觉都得到充分的满足。

食材 *Ingredients*

培根2片　　鸡蛋2个　　生菜叶适量
橄榄油适量　　烧饼2个（咸甜按个人喜好）

做法 *Steps*

❶ 平底不粘锅放少量橄榄油煎至培根四周焦香，培根本身带油脂，不加油也可以，但请及时翻面以免煎焦黑（图1）。

❷ 培根盛出，用厨房纸吸去多余油脂，待用。

❸ 锅内擦油，重新加少许油煎1个太阳蛋（图2）。

❹ 烧饼如果是现买的（热的），就直接用吐司刀从横向片开，不要完全切断（图3），隔夜冷掉的烧饼，只需放在平底锅（不加油）中用小火两面烘一下即可。

❺ 烧饼底部垫上生菜，依次叠加铺上太阳蛋和培根即可。

图1

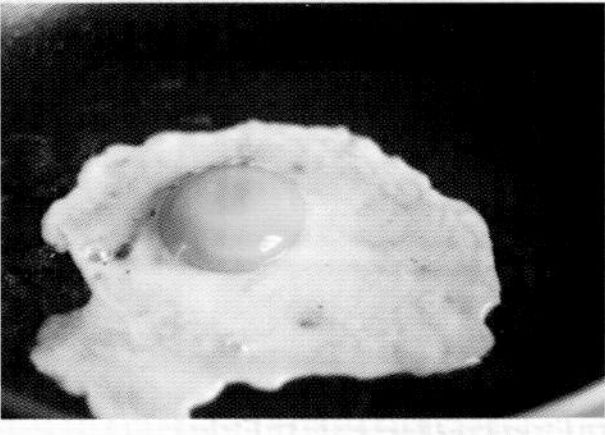
图2

图3

早餐速配

冰糖百合子

食材：百合子1把，老冰糖2块

做法：用水将百合子反复冲洗干净，将洗净的百合子放入砂锅，加水浸泡15分钟。将砂锅置于火上，用大火开煮，水煮开后放入老冰糖，继续熬煮30分钟左右，用勺子轻轻压百合子，若百合子已变软糯即可。

溏心卤蛋

制作时间：15 分钟　分享人数：5 人

酱汁浓郁、溏心温柔。这是一款十分简单但又无比美味的卤味鸡蛋，不需要长时间炖煮，也无需各种过多卤料即可完成。

可根据自己的喜好口味调整时间从而呈现不同的风味。卤蛋可单吃或搭配面、粥，都相当不错。

食材 *Ingredients*

鸡蛋 5~10 个（宜选择可生食鸡蛋）

月桂叶适量　　花椒适量　　桂皮适量

八角 2 个　　白糖 1 勺　　老抽 2 勺

生抽 1 勺　　盐 1 勺

做法 *Steps*

❶ 将月桂叶、花椒、桂皮、八角组成的卤料放入茶包袋或纱布内，加老抽、生抽、盐和白糖，加水到能没过鸡蛋的位置，开始煮卤料。

❷ 卤料烧滚后，转小火再煮3分钟关火，放凉后待用。

❸ 在较深的锅中放入水，待水煮开后用勺子将一个个鸡蛋轻轻放入锅中。

❹ 中火煮6分钟左右，快速将蛋捞起，并放在水龙头下冲洗降温，之后泡入放满冷水的碗内冷却。

❺ 鸡蛋冷却后小心剥落外壳，逐个放入冷卤汁内，浸泡10小时，放入冰箱，第二天即可食用。

还可以这么做

不同的煮制时间决定蛋的熟度，也可以呈现出不同的蛋的风味——10分钟全熟，6~7分钟就是七分熟，5分钟则是溏心，你可以自由选择。

早餐速配

Day 1 **花卷** *P122*
杂谷养生粥 *P18*

Day 2 **冰花牛肉玉米煎饺** *P126*
玫瑰乌龙茶 *P93*

Day 3 **虾肉生煎包** *P128*
家常味咸豆浆 *P20*

馄饨、饺子、包子和圆子

和面、擀皮、包馅，聊着天干着活儿，笑语欢声，暖融融热腾腾，其乐无穷。馄饨、饺子、包子和圆子这些居家较为朴素的面食，包着的不只是馅儿，还包着浓浓的亲情滋味。

花卷

制作时间：40分钟　分享人数：3人

翠绿的葱花显得胖乎乎的面团更加白嫩了。记得小时候，总喜欢先把花卷的外皮全撕下来吃完，因为那层柔韧的面皮子总是越嚼越有味道。现在每次吃花卷，还是喜欢把它一层层撕开，再放入嘴中，每嚼一口，都是平凡日子里的幸福滋味。

这样做多睡会儿

想吃到新鲜花卷又怕时间不够，那么就发酵一次吧，将揉好的面团擀成若干份，待整形后放入蒸锅内发酵至2倍大即可。

食材 *Ingredients*

中筋面粉 250 克	水 125 克	酵母 2 克
葱花 1 小碗	盐 5 克	白糖 3 克
椒盐粉适量	白芝麻适量	色拉油 2 勺

做法 *Steps*

❶ 面粉、水、酵母、白糖、盐（盐和酵母用面粉隔开）倒入面包桶内，面包机开启1个和面程序（如果手揉的话，逐量加水揉至面团光滑）。

❷ 盖上保鲜膜发酵至2倍大，取出面团，再盖保鲜膜松弛15分钟左右（图1）。

❸ 料理台上撒干粉，面团排气，擀面杖擀平（图2）。

❹ 面饼上刷油，均匀撒上葱花、白芝麻、椒盐粉（图3），卷成长条（图4），平均切成若干份（图5），将2个切好的面团叠起，用筷子从中间按压（图6），双手往底部收拢（图7）。

❺ 蒸锅底层加热水，上层铺蒸布均匀码好花卷，保留一定空隙，盖锅盖待花卷二次发酵（图8）。也可底层冷水，用最小的火加热至锅子烫手即可关火，用余温发酵面团至膨胀，开火蒸10~12分钟即可。

图1 图2 图3

图4 图5 图6

图7 图8

青菜木耳包子

制作时间：40 分钟　分享人数：4 人

翠绿可人的青菜，是当之无愧的主角，柔嫩香滑的木耳、香菇，一口咬下去，满满的惊喜。简单朴素的组合，是平凡中透出的光亮。

这样做 多睡会儿

工作日早晨做包子还是比较匆忙，可以提前做好了冷藏，早上加热食用就好。

食材 *Ingredients*

中筋面粉 400 克　青菜 5~6 棵　黑木耳 1 把
开洋 1 把　鲜香菇 4~5 个　豆腐干 3~4 块
鸡蛋 1 个　酵母 3 克　芝麻油 10 克
盐 10 克　白糖 20 克　水 210 克（做面团用）

做法 *Steps*

❶ 青菜洗净。黑木耳和开洋用冷水泡发，之后切丁。鲜香菇洗净切丁。豆腐干切丁，待用。

❷ 锅内烧水，水沸腾后将青菜放入，立刻关火，烫10秒，将青菜捞起，冲凉并切碎，接着将菜末用力挤压出水（图1）。

❸ 将青菜丁和其他材料混合，打入鸡蛋，加盐、白糖、芝麻油拌匀（图2）后盖保鲜膜，放入冰箱，待用。

❹ 将揉至基本光滑的面团（图3做法可参考第123页）醒发20分钟后，擀成条状，分割成若干份，每小份约35克。

❺ 案板撒干粉，擀面杖将面团擀成比手掌略大的圆形面片（图4），放入馅料，抓起一角对折依次捏出褶子，左右拇指按压住馅料同步转动，收口（图5、图6、图7）。

❻ 蒸锅放热水，上层铺蒸布，放上包子（图8），盖锅盖再次醒发15~20分钟，待包子膨胀变大，开火蒸15分钟左右即可。

图1

图2

图3

图4

图5

图6

图7

图8

冰花牛肉玉米煎饺

制作时间：30 分钟　分享人数：3 人

冒着热气的煎饺，金黄的焦皮包裹着肉汁，更有酥脆脆的“冰花”。蘸醋里加一勺自己做的辣椒油，单吃也不会觉得单调。什么都不用想，一直吃到填饱肚子。

这样做多睡会儿

前一天晚上可以先将牛肉糜玉米馅料准备好，第二天解冻，照样可以包饺子。

食材 *Ingredients*

饺子皮 30 张左右	玉米淀粉 1 大勺	牛肉糜 250 克
玉米粒（焯熟的）2 大勺		鸡蛋 1 个
水 2 勺	盐 1 小勺	白糖 1 小勺
生抽 1 勺	老抽半勺	色拉油适量

做法 *Steps*

❶ 将牛肉糜、玉米粒、鸡蛋、盐、白糖、生抽、老抽放入碗中，混合搅拌起浆（图 1），包饺子。

❷ 平底锅刷少许油，将饺子均匀摆成 1 个圆形（图 2），饺子的数量可按你摆盘的盘子大小决定，开火煎饺子。

❸ 玉米淀粉加水调成水淀粉，待用（图 3）。

❹ 待饺子底部煎金黄后，均匀从四周倒入水淀粉（图 4），盖上锅盖，转小火。

❺ 煎至水淀粉呈冰花状，倒扣盛出即可。

图 1

图 2

图 3

图 4

虾肉生煎包

制作时间：30 分钟　分享人数：3 人

从小到大，对于生煎的喜爱程度远远超过馒头包子，小小的生煎包，上半部撒上了黑芝麻和碧绿的葱花，包子底厚厚的一层煎得焦脆。生煎皮被汤汁浸到半透明，趁热咬破一个口，吸一口鲜嫩烫口的汤汁，再咬下一大口，油润柔软的外皮，金黄脆响的包底还有鲜嫩适口的馅心，有脆有糯，亦软亦酥。

食材 *Ingredients*

中筋面粉200克　河虾仁120克　猪肉糜350克
鸡蛋1个　黑芝麻少许　水110克
酵母2克　葱花1把　料酒1勺
生抽1勺　盐8克　白糖6克
色拉油少许

做法 *Steps*

❶ 揉面，将揉好的面团醒发20分钟（图1、图2、图3）。

❷ 将河虾仁、猪肉糜、葱花、料酒、生抽、盐、白糖、鸡蛋混合起浆（图4），开始包包子（步骤可参考第125页青菜木耳包子）。

❸ 每个剂子约20克，擀成圆形面皮，包入内馅，收口。

❹ 平底锅刷上少许油，均匀码上生煎包，可以正着放，也可以反着放，中火煎至底部微焦，拿1小碗水从四周快速均匀倒入，水汽上来立刻盖上锅盖，转中小火继续煎2分钟。

❺ 关火，盖锅盖闷1分钟，开锅盖后再撒上葱花和黑芝麻点缀即可（图5）。

图1

图2

图3

图4

图5

台式牛肉锅贴

制作时间：20 分钟　分享人数：3 人

除了基本的煎饺，厨房新手不妨试试台式锅贴，包法更简单，锅贴讲究皮弹馅鲜，每一口，都仿佛食材在舌尖翩跹起舞，回味悠长。

食材 *Ingredients*

饺子皮 30 张左右　鸡蛋 1 个　京葱半根
牛肉糜 1 碗（250 克左右）　盐 1 小勺
白糖 1 小勺　生抽 1 勺　老抽半勺
色拉油少许

做法 *Steps*

❶ 京葱洗净切细碎，将牛肉糜、京葱碎、鸡蛋、盐、白糖、生抽、老抽混合起浆，待用。

❷ 取1张饺子皮，放入馅料（图1），顶部蘸水对折粘合。

❸ 平底锅刷少许油，可用1只饺子蘸油均匀刷1圈（图2），接着平均码好，开火。

❹ 煎至底部金黄，1小碗水从四周倒入（图3），水汽上升时立刻盖上锅盖，转小火再煎2分钟，关火即可。

图1

图2

图3

早餐速配

卤肉面

食材： 面条1份，青菜3棵，玉米粒1勺，卤肉酱1份（做法见第93页）。

做法： 先将玉米粒和青菜分别洗净、焯熟，捞出备用。再于汤锅中下入面条，煮熟后捞出，放入盘中，放上卤肉酱、玉米粒和青菜即可。

搭配一碟凉拌豆芽或一碟凉拌萝卜，软腻抄手和爽口小菜齐齐咬下，微辣与清甜相互包容、彼此交融。

凉拌红油抄手

制作时间：20 分钟　分享人数：3 人

皮薄馅嫩、爽滑鲜香、汤浓色白，蓉城小吃的佼佼者——龙抄手，若不好吃，又怎么配得上如此霸气的名字！馅料可以随喜好作变化，在家也可以轻松尝到异地的风味。对于并不是太能吃辣的我来说，自己做，辣度调得刚刚好。

食材 *Ingredients*

饺子皮适量　猪肉糜 300 克　虾仁 130 克

鸡蛋 1 个　榨菜 1 碗　花椒粉适量

醋 1 勺　生抽 1 勺　红油 1 大勺

蒜末适量　熟白芝麻 1 勺　葱花适量

花生碎 1 小把　盐 3 勺（2 勺馅料用，1 勺红油酱汁用）

白糖 3 勺（1 勺馅料，2 勺红油酱汁用）

做法 *Steps*

❶ 将猪肉糜、虾仁、鸡蛋、榨菜、盐、白糖和少许葱花拌匀起浆（图 1），开始包抄手（图 2~ 图 7）。

❷ 水煮开，下抄手，煮熟捞起，滤干水分后放凉，摆盘。

❸ 将红油、醋、花椒粉、生抽、蒜末、盐、白糖均匀混合成红油酱汁（图 8），淋在煮好的抄手上，最后撒葱花、熟白芝麻、花生碎即可。

图 1

图 2

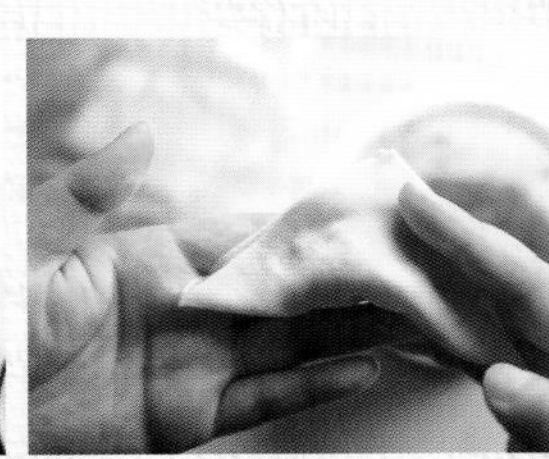
图 3

图 4

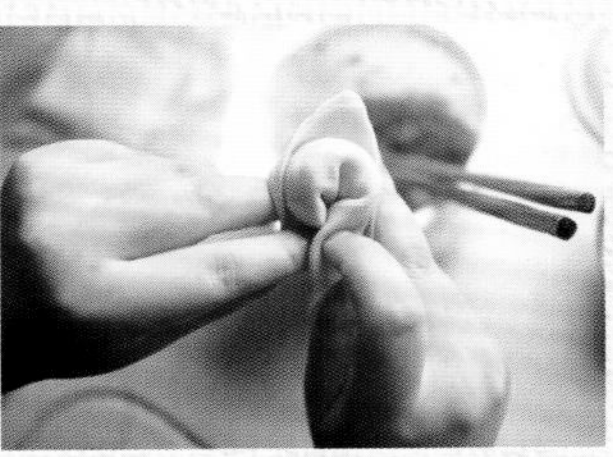
图 5

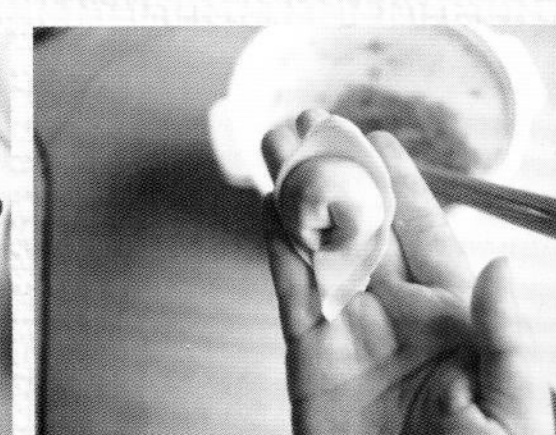
图 6

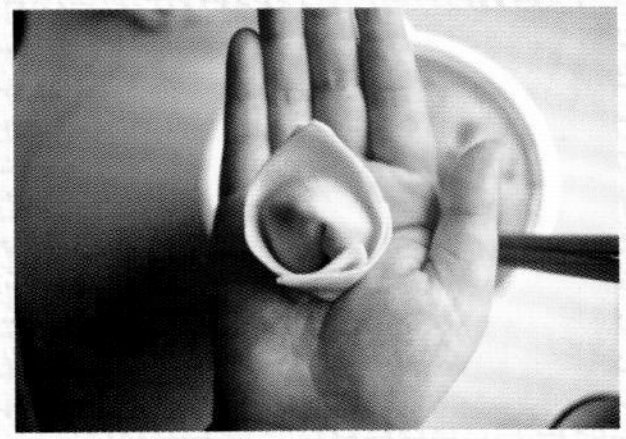
图 7

图 8

泡菜猪肉水饺

制作时间：30 分钟　分享人数：3 人

鲜美浓香的口感中，那一丝酸辣激发了食欲，成为这款水饺的亮点。对我来说，一碗热气腾腾的水饺意味着家的温暖，千万别小看这薄薄的饺子皮，里面全是满满的爱。

可以准备点爽口萝卜丁或土豆丁当配菜，吃完一碗水饺，再来点爽口小菜，毫无油腻之感。

食材 *Ingredients*

猪肉糜适量	泡菜1包	虾仁适量
饺子皮适量	盐1勺	料酒1小勺
生抽1小勺	白糖1小勺	

做法 *Steps*

❶ 将猪肉糜放入搅拌盆。泡菜用清水冲洗，去除多余辣味和咸味，将泡菜剁细碎后拌入猪肉糜。虾仁切碎拌入猪肉糜，加盐、料酒、生抽、白糖调味，充分搅拌起浆（图1）。

❷ 取适量肉馅放入饺子皮，饺子皮周围沾水（图2），对折，利用拇指轻压粘牢，压出好看的褶皱（图3）。

❸ 水滚后下饺子，熟后浮起，捞出。

图1

图2

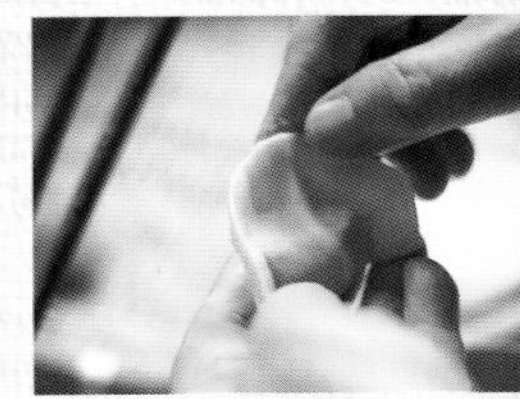

图3

还可以这么做

钟情于原味泡菜的，可无需冲洗直接剁细碎入馅儿，之后调味时请酌量减少盐的用量，以免过咸。如不爱吃蒜或不喜欢过辣口味的话，建议冲洗后拌入馅料。猪肉糜也可以换成牛肉糜。

无锡拌馄饨

制作时间：30 分钟　分享人数：3 人

每次奔回无锡老家，就是想吃一碗妈妈做的馄饨，要拌的！无锡拌卤的灵魂就是一勺猪油和白糖！春夏天撒葱花，冬天换成一撮青蒜叶，即使你原本不爱吃甜，也会因为这浓油赤酱的热情而欢喜。

提前一晚处理好汤底，再冷藏过夜，早上配合温热的馄饨，温度刚好。

食材 Ingredients

馄饨1份　　葱花适量（冬天用青蒜叶）

老抽1勺　　白糖1勺　　猪油1勺

做法 Steps

❶ 事先包好馄饨（图1~图7）。

❷ 待水煮沸后，下馄饨，此时开始准备拌料：老抽、白糖、猪油、葱花一起拌匀（图8）。

❸ 将煮好的馄饨拌入即可（图9）。

图1　图2　图3

图4　图5　图6

图7　图8　图9

还可以这么做

想喝口鲜汤，振奋一下精神？那就来做汤馄饨吧。煎个蛋皮，切成丝，再撕一点紫菜，撒在馄饨汤上，既是点缀，更是美味！

绉纱小馄饨

制作时间：30 分钟　分享人数：2 人

江南一带家里常做绉纱小馄饨，绉纱皮子薄，包入鲜肉馅儿，薄皮裹细馅，煮熟后饱满透明，紫菜虾皮清汤，"哧溜"一下已经滑入口，所以，吃早餐，去"喝"碗馄饨也就顺理成章了。绉纱小馄饨也是家里小朋友的早餐，我牢牢记得，他没长齐乳牙就开始一口一口吃这小馄饨的模样。

这样做多睡会儿

每次包完10个或15个分装进保鲜袋，冷冻保存，每顿取一袋，轻敲一下就自然分离，煮起来也相当快。

食材 *Ingredients*

猪肉糜50克　鸡蛋1个　虾仁适量
绉纱馄饨皮适量　葱花适量　虾皮适量
紫菜适量　盐适量　热高汤1份
芝麻油适量

做法 *Steps*

❶ 搅拌盆内放入猪肉糜、鸡蛋和切碎的虾仁及少许盐快速搅拌起浆（图1）。

❷ 1张馄饨皮取3克左右的馄饨馅儿（图2），如图对角对折，用拇指轻压捏住，另1只手帮忙往里推进捏实，左手再从最左边三角边往中心捏出褶皱，右手同上操作，直至捏出如小金鱼一样的形状，手势轻柔以免馄饨破肚（这种双手捏馄饨的方法步骤见图3～图4；若熟练后，可用单手捏馄饨，图5～图9）。

❸ 碗内放少许葱花、虾皮、紫菜、盐、芝麻油，用热高汤或开水冲开，盛入煮好的小馄饨即可。

图1　图2　图3

图4　图5　图6

图7

图8

图9

赤豆糊桂花小圆子

制作时间：10 分钟　分享人数：2 人

豆沙的细腻、圆子的软糯、桂花的清甜，在寒冷的早晨，喝下热乎乎的一碗，从头到脚都充满着蓬勃的暖意。

这样做 多睡会儿

自己做糯米小圆子可以一次多做一些，在糯米粉中逐步加清水，和成面团，再搓成粒粒小圆子，表面撒些糯米粉，放入冰箱冷冻保存。

食材 *Ingredients*

藕粉1包　糯米小圆子适量　糖桂花适量

赤豆沙（细赤豆沙）1袋　白糖适量

做法 *Steps*

❶ 烧1锅热水，取半包赤豆沙，放入沸水中（图1），用筷子打散至无结块，中火加热。

❷ 藕粉先用冷水搅匀，倒入2大勺热的豆沙糊，继续搅拌至浓稠（图2），将藕粉豆沙糊倒入豆沙糊锅内，加少许白糖，转小火搅拌（此时的豆沙糊应是浓稠的），关火待用（图3）。

❸ 另取1锅，倒水烧开后放入糯米小圆子，继续煮熟，煮至浮起即熟，捞起（图4）。

❹ 从锅内舀出豆沙糊倒入碗中，再铺上小圆子，最后表面撒糖桂花即可（图5）。

图1　图2

图3

图4

图5

还可以这么做

酒酿的味道更是清逸醉人，用酒酿代替豆沙，做1份酒酿桂花小圆子，那粉粉嫩嫩的小圆子软糯无比，蛋花柔嫩，酒酿味醇，桂花清香，甜酸适口。

南瓜包馅小圆子

制作时间：20 分钟　分享人数：2 人

糯而不黏的外皮里包裹着甜而不腻的馅儿，南瓜与赤豆甜美相容，交织得恰到好处，混合之后的绵绵香甜叫醒了食欲，也美好了清晨。

食材 *Ingredients*

糯米粉适量　南瓜半个　白糖适量

赤豆沙馅适量（喜欢咸味的可替换成猪肉馅）

糖桂花 1 小勺（根据口味酌情增减）

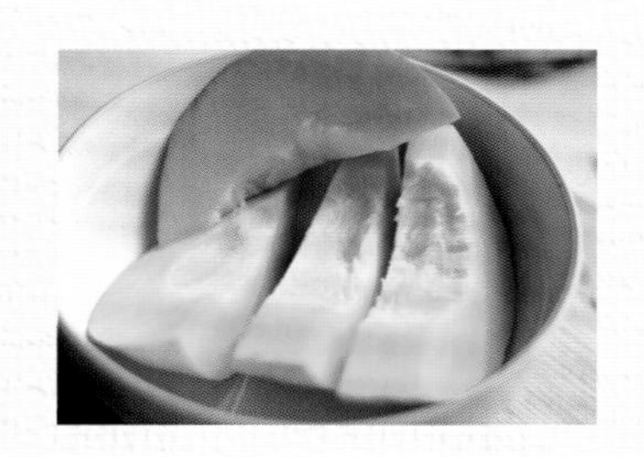

做法 *Steps*

❶ 将南瓜隔水蒸熟透后，取1片切成小丁待用，其余捞起用擀面杖或研磨工具碾成泥状（图1），加入糯米粉（图2）。因蒸熟的南瓜含水分，整个搅拌过程无需加水。

❷ 用筷子画圈搅拌，吸收后再次少量倒入糯米粉并且搅拌，直至呈松软湿润的面团。因此糯米粉需称量，看面团粉状态适度调整（图3）。

❸ 砧板撒糯米粉防粘，双手沾干粉搓圆子，按自己喜好搓成适当大小，再取少量赤豆沙搓圆待用。按扁面团，包入馅料，收口搓圆整形（图4~图5），滚一层干粉。

❹ 烧开水后，放入小圆子，待浮起后盛出，淋糖水（糖水可直接用煮圆子的水加少量白糖），放入南瓜丁。食用前淋1小勺糖桂花。

图1　图2

图3

图4

图5

还可以这么做

苏州汤团的馅料可谓是“甜中意，咸欢喜”——咸甜皆有。咸的主要是鲜肉，将猪肉糜、盐、葱花充分搅拌起浆，包入面团。好吃的鲜肉汤圆，皮不能太厚也不能太薄，鲜香的肉汁与软糯外皮交融的地方，正是汤团最好吃的部分。

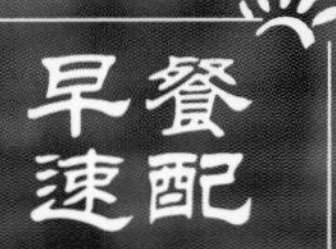

Day 1 **照烧鸡墨西哥卷饼** *P146*

黄瓜汁 *P63*

Day 2 **大阪烧** *P148*

豆腐味噌汤 *P177*

Day 3 **蔬菜笔管面** *P150*

茄汁浓汤 *P151*

异国频道的早午餐

好不容易盼到了周五下午，好不容易在周六的早晨和被窝来一个甜蜜的拥抱。怎么可以早起？那就再贪睡一会儿吧，回笼觉后，十点阳光依然好，再来做份早午餐，慵懒又自在，就是周末节奏。或许你厌倦了千篇一律的日常食物，或许你向往着边走边吃的理想生活，用双手幻化，让味蕾先行，方寸之间，厨房的香味仿佛让你一秒飞到任何想去的地主。

照烧鸡墨西哥卷饼

制作时间：20 分钟　分享人数：4 人

墨西哥卷饼，可不是一定都是“快餐人”的吃法哦。换一些营养食材，照样可以吃成“墨西哥大餐”。一张饼里卷入各种馅料，完美诠释了“大饼卷一切”的精髓，一口就能吃下所有美味！

这样做多睡会儿

超市有售各种大小尺寸的卷饼，比起一大早自己烙饼，确实方便许多。

食材 *Ingredients*

鸡里脊肉 5~6 块	红椒半个	黄椒半个
西葫芦 1 段	黄瓜 1 段	柠檬 1 个
生菜叶 5 片	黄桃半个	老抽半勺
墨西哥卷饼饼皮 4 张	白糖 10 克	生抽 1 勺
味淋 1 勺	黑胡椒碎适量	橄榄油适量

做法 *Steps*

❶ 鸡里脊肉洗净，放入碗中，倒入生抽，老抽和白糖拌匀，再拌入味淋，腌1小时（图1）。

❷ 彩椒、西葫芦切丁，黄瓜切片，黄桃去皮切丁，待用。

❸ 平底锅中倒入少许橄榄油，将鸡里脊肉两面煎熟（图2），放在案板的吸油纸上（图3），切成适口大小的肉块，待用。

❹ 平底锅中再倒入少许橄榄油，中火翻炒彩椒丁和西葫芦丁30秒左右，关火，再放入黄瓜片（图4），最后撒黑胡椒碎，拌炒均匀。配菜断生较爽口也保证营养不流失，请勿炒得过于软烂，如喜欢生食的，可不炒，直接与黑胡椒碎拌匀。

❺ 墨西哥卷饼饼皮平铺，垫一层生菜叶，用勺子铺上混合蔬菜，再依次摆上照烧鸡块和黄桃丁，切数瓣柠檬，挤出柠檬汁滴于蔬菜上即可（图5）。

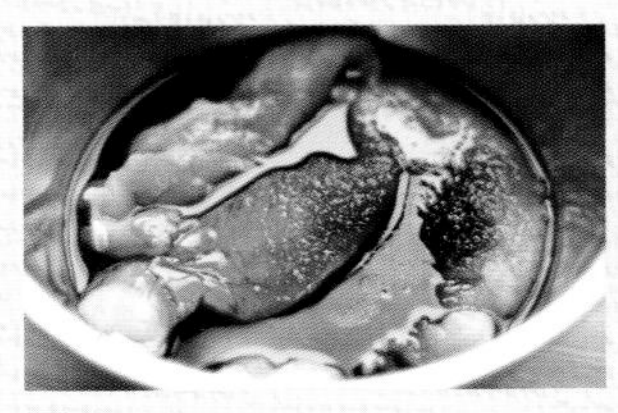
图1

图2

图3

图4

图5

味噌汤和大阪烧，一摆上桌，鲜香之味就会立刻开始进攻你的鼻子。

大阪烧

制作时间：20 分钟　分享人数：2 人

大阪烧就是亲民的蔬菜煎饼，看上去似乎略微复杂，但你做过一次之后，就会明白，其实没有那么麻烦，而且，当柴鱼丝或海苔粉的味道经过我们那挑剔的舌头时，它们那激动的感觉会怂恿你再一次尝试。

食材 *Ingredients*

面粉约 100 克　卷心菜半个　鱿鱼段适量
猪五花肉切片 3 片　樱花虾 1 小把　山药 1 段
洋葱丁适量　鸡蛋 1 个　大阪烧酱 1 碟
海苔粉适量　柴鱼丝适量　美乃滋酱适量
色拉油适量　黑胡椒碎适量　盐少许

做法 *Steps*

❶ 将山药削皮1小段位置，在研磨碗内擦成泥（图1），卷心菜切细丝，和鱿鱼段、洋葱丁、樱花虾混合放入搅拌碗内，倒入山药泥。

❷ 面粉加180克水，调成面糊状，将面糊拌入搅拌碗内，打入鸡蛋（图2），撒少许盐和黑胡椒碎，充分拌匀（后续会刷酱汁，所以盐不需多放）。

❸用刷子蘸油，刷满平底锅锅底，锅热后平铺上跟面糊大小相近的猪五花肉薄片（图3），铺上面糊，用锅铲整形（图4）。

❹ 锅铲轻铲底部，无粘连，用两把锅铲左右同时翻面，转中小火煎至底部焦黄（图5），内馅全熟即可，根据大阪烧的大小和厚度调整时间，一般3~5分钟即可。

❺ 盛出装盘，表面刷上大阪烧酱（或烤肉酱）（图6），挤上美乃滋酱（图7），撒一层海苔粉，最后放柴鱼丝，完成。

图1

图2

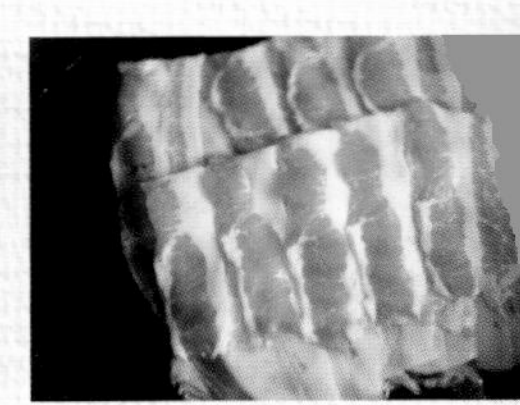

图3

图4

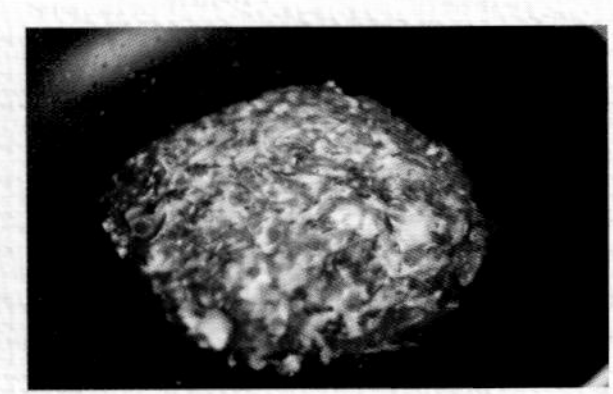

图5

图6

图7

蔬菜笔管面

制作时间：20 分钟　分享人数：2 人

各种意大利面是我家上桌率很高的菜谱，早餐的话，煮一小份意面是非常方便简单的事，配上自己喜欢的面包咖啡，好好享受吧。

食材 *Ingredients*

白玉菇半盒　小番茄 6~7 颗　大蒜 1 瓣
牛奶适量　芦笋 6~7 根
笔管形意大利面 1 把（约 200 克）　香草碎适量
橄榄油 1 勺　盐 1 勺　白糖 1 勺
黑胡椒碎 1 勺　芝士丁适量（可用早餐芝士片）

做法 *Steps*

❶ 锅内烧水，水开后倒入笔管面，煮笔管面的同时开始准备配菜。

❷ 将白玉菇、小番茄和芦笋洗净，白玉菇去蒂切成段，芦笋用手掰段，取较嫩部位，小番茄切丁待用。

❸ 平底锅内倒少许橄榄油，烧热，大蒜切片放入锅内（出香味即可，无需焦黄），先放小番茄丁，翻炒几下，随后将其余材料一并倒入，翻炒。加牛奶（按个人喜好控制奶量）、盐、白糖、黑胡椒碎调味，待汁水起泡泡后关火。

❹ 此时观察一下笔管面是否煮熟，可取1根尝下判断，确定全熟后，滤水取出，倒入一旁炒好的配菜内翻拌均匀。

❺ 将芝士丁和香草碎一起撒在笔管面上即可。

茄汁浓汤

食材： 猪肉丸6个，贝壳面适量（螺丝粉也可），番茄2个，芹菜叶1把（点缀），罐头番茄酱1勺，盐1勺，橄榄油少许

做法： 番茄切块，用橄榄油翻炒一下，倒入番茄酱爆炒至茄酱出香味后加热水，煮开。下猪肉丸、贝壳面，中火煮至汤底浓稠，加盐调味，全熟即可出锅。盛出浓汤后，撒上切碎的芹菜叶。

菇菇虾芝士意面

制作时间：20 分钟　分享人数：3 人

据说意面有500多种形状，螺丝形、弯管形、蝴蝶形、贝壳形……直身粉看似普通，但用叉子挑起三四根，用叉尖点在勺子里慢慢旋转，卷成一口的分量，刚刚好放入口中，完美！掌握了吃意面的正确方式，转着叉子硬气地吃面吧！

这样做 多睡会儿

煮意面时，锅中水煮沸后，加点盐，意面更易熟，煮出的意面也更有弹性。

食材 *Ingredients*

天使面1把　　白玉菇1把　　青虾仁1把
培根2~3条　　蛋黄2~3个（可生食鸡蛋蛋黄）
牛奶1杯　　芝士片1片　　大蒜1瓣
黑胡椒碎少许　　盐适量　　橄榄油少许
欧芹碎适量（点缀用）

做法 *Steps*

❶ 锅中放入3/4的水量，加1勺盐，放射状放入意面，开始煮面。把煮至九分熟的意面捞出浸泡于凉水内，待用（图1）。

❷ 白玉菇洗净去蒂，培根切小片，待用。

❸ 平底锅倒少许橄榄油，放入蒜片出香味后，放入洗净的白玉菇和虾仁、培根片，拌炒（图2），放入滤干水分的意面，倒1杯牛奶（或半勺淡奶油1勺水），放芝士片（图3），小火拌匀，打散2~3个蛋黄（图4），均匀拌入蛋液（图5）。

❹ 摆盘，撒黑胡椒碎和欧芹碎点缀。

图1

图2

图3

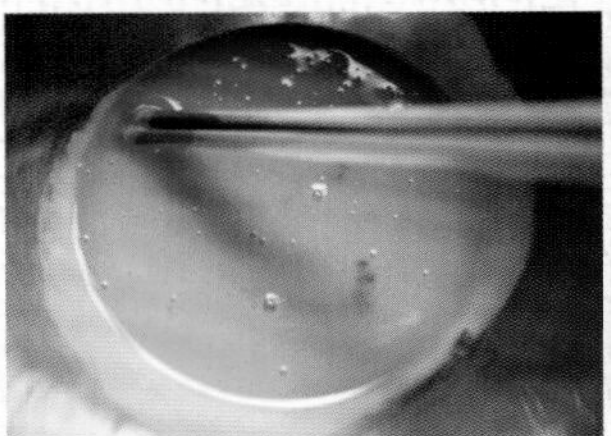
图4

图5

海鲜罗勒松子酱意面

制作时间：20 分钟　分享人数：2 人

罗勒在意大利传统菜系中举足轻重，入口清甜，略带尖细的辣，闻起来满满都是春天的味道，犹如“丁香般的少女”。作为为餐桌增色的大功臣，它也是很多烹饪者心中的“香料之王”，与意面搭配，构成最经典的异国风味早餐。

这样做多睡会儿

天使面细幼，比普通意面更易熟，所以在忙碌的早晨，换成天使面能加快速度。

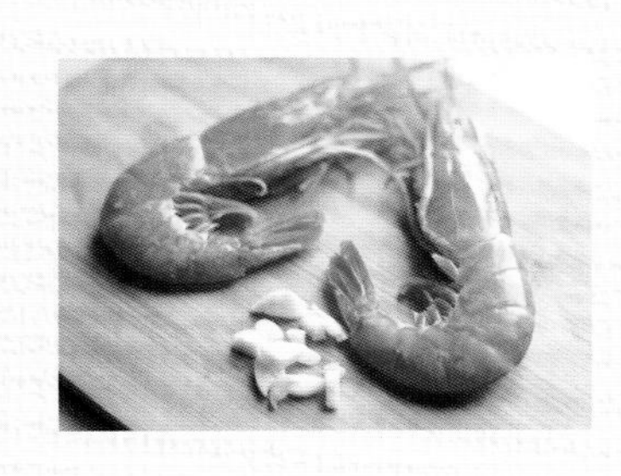

食材 *Ingredients*

贝壳意面约 150 克	红虾 2 只	青口贝适量
罗勒酱 2 大勺	大蒜适量	白葡萄酒适量
柠檬 1 个	松子 1 把	橄榄油 1 勺
盐适量		

做法 *Steps*

❶ 松子放入微波炉加热2分钟，放凉备用。煮开1锅水，放1勺盐，倒入意面，煮熟后捞起。

❷ 煮面的同时切蒜粒，红虾洗净表面擦干水分，青口贝洗净；煎锅内放少许油，将蒜粒爆香、放入红虾，接着放入青口贝，淋2大勺白葡萄酒，少许盐，煮至青口贝开口关火待用。

❸ 另取1锅，将煮熟的意面放入，挖取适量罗勒酱放入锅中，青口贝连汁水一并倒入锅中，拌匀。

❹ 红虾在摆盘时放入，淋少许柠檬汁，放几片柠檬和熟松子点缀。

罗勒酱的做法

罗勒叶适量，松子1把，大蒜1瓣，橄榄油适量，盐1小勺。罗勒叶洗净，将以上材料置于料理机内打碎即可（见下图），倒出后宜灌入密封罐存放。

泡菜炒拉面

制作时间：20 分钟　分享人数：2 人

每次炒好这碗拉面，我的脑海里就会飘过几个字“弹弹弹”，再放上一颗太阳蛋，这就是阳光灿烂的日子。

这样做多睡会儿

拿出韩式拉面包吧，选择自己喜欢的口味，将面饼煮八分熟时捞出，平底锅少油，炒泡菜，加入面条，淋入少许芝麻油就行。

食材 *Ingredients*

鸡蛋 1 个	泡菜 80 克	牛五花肉 1 小碗
拉面 1 包	卷心菜 1/3 个	豆芽 1 把
京葱末适量	白芝麻少许	黑胡椒碎少许
色拉油适量		

做法 *Steps*

❶ 煎好1个太阳蛋（图1）备用。豆芽洗净去老根，卷心菜洗净掰碎。拉面煮熟，捞起，待用。

❷ 平底锅少油，放入牛五花肉（图2），炒至七分熟，盛出待用。

❸ 锅内放少许油，倒入卷心菜翻炒一下，接着放入豆芽，翻炒至八分熟时，放入事先炒好的牛五花肉（图3），拌炒后盛出，作A料。

❹ 另起一锅，倒入少许油，放入泡菜煸炒（图4），放入煮好的拉面，拌炒均匀（图5），再将A料倒入，拌炒下（图6），盛出。将太阳蛋铺在炒面上，撒京葱末、白芝麻、黑胡椒碎拌匀即可。

图1 图2 图3

图4 图5 图6

肉酱比萨

制作时间：50 分钟　分享人数：2 人

薄薄的饼底，丰富的馅料，焦香酥脆的饼边……据说每个热爱比萨的吃货，不只是爱吃那个味道，更是难以抗拒“马苏里拉”长长拉丝的诱惑，自己动手制作最意大利味的比萨吧！

食材 *Ingredients*

中筋面粉 200 克　酵母 2 克　白糖 10 克
盐 2 克　火腿片适量　罗勒叶适量
马苏里拉芝士适量　茄汁肉酱 1 碗（做法见第 57 页）
水 110 克（根据面粉吸水性适当调整水量）

做法 *Steps*

❶ 面粉放入搅拌盆中，再拌入酵母、白糖和盐，逐量加水揉至不粘手的光滑面团，盖保鲜膜醒发20分钟。

❷ 将面团分为2~3份，用擀面杖擀成牛舌薄饼状，铺一层茄汁肉酱（图1），再平铺火腿片，顶部撒上马苏里拉芝士，最后用罗勒叶点缀（图2）。

❸ 烤箱180℃预热，10分钟，放入面饼，上下火，180℃，中层，烤10分钟左右（待面饼膨胀，芝士熔化焦黄即成）。

图 1

图 2

还可以这么做

我自己非常喜欢印度馕饼（这馕饼发音近似“nan”），这款比萨的面团同样也可以制作成简单的“nan”，只需要将面团擀成牛舌状的薄饼，平底锅加少许油或不加油中火烘成饼，待出大气泡后，翻面，出锅即可，蘸点咖喱试试吧。

红酒油醋螺丝粉沙拉

制作时间：20 分钟　分享人数：2 人

利用果醋、酒醋制作油醋汁，就能轻松变化出各种美味健康的沙拉菜，螺丝粉提升饱腹感，搭配红酒油醋汁和新鲜菠萝，酸甜中透出清新橄榄芳香。

食材 *Ingredients*

意大利螺丝粉约 120 克	西蓝花 2 朵	火腿适量
金枪鱼肉罐头 1/3 罐	黑橄榄 3 粒	菠萝 2 片
黑胡椒碎适量	红酒油醋汁适量	盐少许

做法 *Steps*

❶ 煮1锅水，水开后放盐，接着放入螺丝粉。期间将西蓝花掰小朵备用，火腿和菠萝切丁，黑橄榄切片。

❷ 待螺丝粉九分熟时关火，将西蓝花朵倒入，盖锅盖闷约1分钟，控水捞起，放入碗中，晾凉后拌入火腿丁、菠萝丁和黑橄榄片。

❸ 螺丝粉上再放上金枪鱼肉，食用前淋红酒油醋汁，撒黑胡椒碎，拌匀即可。

红酒油醋汁的做法

橄榄油1大勺，欧芹碎适量，红酒醋1大勺，蜂蜜1勺。将以上调料均匀混合即可（见下图）。

三文鱼昆布高汤泡饭

制作时间：20 分钟　分享人数：1 人

稍微传统一点的日本家庭里，早饭里一定有“一汁一菜”的标配，“汁”是味噌汤，“菜”是腌菜，再加上白米饭，始终是他们餐桌上最长情、不离不弃的陪伴。

这样做 多睡会儿

日式腌渍凉菜，配料简单，只需准备一个深碗放入喜欢的蔬菜，用果醋等调味腌渍一夜即食，是佐面饭清爽又美味的小菜。

食材 *Ingredients*

三文鱼 1 块　熟米饭 1 碗　昆布高汤 1 碗
海苔粉少许　柴鱼丝适量　酱油少许
香松海苔少许（也可用海苔丝和白芝麻代替）
盐 1 勺　色拉油少许

做法 *Steps*

❶ 快速做好1份昆布高汤（做法见第45页），无需过滤柴鱼丝，加盐调味。

❷ 三文鱼块放入平底锅，少油，两面煎熟（图1）。

❸ 碗内倒扣1碗米饭（图2），趁热淋上高汤（图3），饭团之上摆上三文鱼块（图4），撒海苔粉和香松海苔及柴鱼丝，如高汤调味过淡，食用时可淋少许酱油增味。

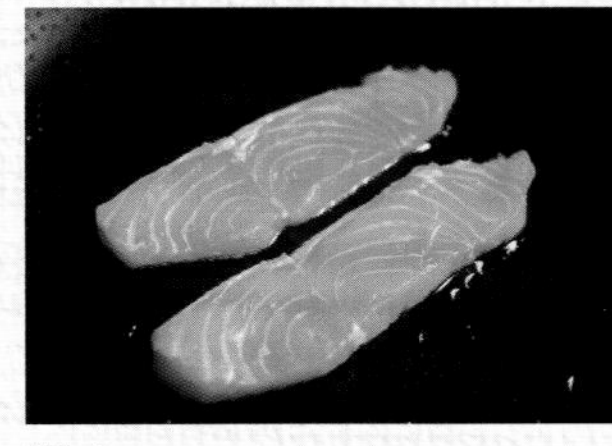

图 1

图 2

图 3

图 4

早餐速配

一夜渍

食材：黄瓜半根，辣椒1根，果醋适量

做法：碗内放入切片好的蔬菜，倒入果醋（如没有果醋，可用白醋和白糖代替）和水，按个人口味调整比例。水位没过材料即可，密封放冰箱，过一夜就可食用。

咖喱什锦炒饭

制作时间：20 分钟　分享人数：2 人

在你的食欲清单中，有没有一碗咖喱饭呢？由香辛料调和成的咖喱，总是有一种神奇的魔力，能把米饭的香味放大再放大，再加上肥嫩的鲜虾，这碗香味浓郁的米饭早已将你的注意力锁定，真是好吃到每一粒都不剩！

食材 *Ingredients*

青虾仁6只　彩椒半个　火腿1小块
西葫芦半个　熟米饭1碗　咖喱粉1勺
椰浆1小勺　盐适量　海苔粉适量
色拉油少许

做法 *Steps*

❶ 彩椒、火腿和西葫芦切丁待用。

❷ 锅内放少许油，加热，倒入虾仁翻炒，三四分熟时加入切好丁的所有配菜料和米饭，快速翻炒。

❸ 翻炒至米粒分明，全熟后加适量咖喱粉和盐调味。

❹ 淋入椰浆，快速拌炒均匀。

❺ 盛出后撒少许海苔粉点缀。

早餐速配

冬阴功汤

食材： 冬阴功汤底1份，蘑菇半盒，鱿鱼圈6个，大头虾2只，柠檬1个，香菜1小把，蛤蜊16个，鱼露2勺，椰浆1小杯

做法： 将大头虾放入锅中，两面都煎一下，再将冬阴功汤底煮开，放入刷洗干净的蛤蜊、蘑菇和鱿鱼圈，待蛤蜊完全开口后加鱼露和少许椰浆，盛入碗中，放入大虾，再挤上柠檬汁，缀上香菜即可。

法式迷迭香鸡翅

制作时间：25 分钟　分享人数：2 人

迷迭香原产于地中海沿岸，夏季会开出蓝色小花，宛若一颗颗小水珠，因此被人们称为“海洋朝露”。草药的苦涩、樟木的甘甜，你或许也会讶异，这样一种矛盾的气味，是如何在这株小小的植物身上和平共处的。

这样做多睡会儿

提前一晚腌鸡翅，早上酱汁便深入骨髓，还能节省 5 分钟的制作时间。

食材 *Ingredients*

鸡翅根 7~8 个	蘑菇 1 盒	大蒜 2 瓣
月桂叶 2~3 片	迷迭香适量	红酒适量
橄榄油适量	盐适量	白糖适量
黑胡椒碎适量		

做法 *Steps*

❶ 鸡翅根洗净，用刀在肉比较厚实的地方划一道口（图1），方便入味也较易熟。大蒜切片，蘑菇洗净，待用。

❷ 平底锅放适量橄榄油加热，逐个均匀平铺鸡翅，带皮的一面朝下，先煎（图2）。

❸ 中火油煎，待鸡皮焦黄逐个翻面，此时加入切好的蒜片，让其自行爆香（图3）。

❹ 待两面均煎至金黄出香味后，准备1个大的漏勺，将多余的油滤掉（图4），用厨房纸擦干锅子底部的油，转中小火（鸡翅本身含油脂，所以不需过多油分）。

❺ 锅内倒适量红酒（图5），放月桂叶和迷迭香（图6），此时倒入洗净的蘑菇，加适量盐、白糖、黑胡椒碎调味。

❻ 略微翻炒2次，盖锅盖焖烧，待汁水收干即可。

图1 图2 图3

图4 图5 图6

三文鱼水波蛋

制作时间：10分钟　分享人数：1人

你想在床上吃早餐？完全可以！饱满的蛋黄寄居在蛋白均匀包好的帐篷里，等你的筷子轻轻一戳，这金黄的蛋液就会奔涌开来，流向三文鱼块，沥进苦苣叶里。就这一盘，起床气全消了。

食材 *Ingredients*

鸡蛋1个　　三文鱼2块　　苦苣叶子1把
黑胡椒碎适量　　橄榄油1勺　　白葡萄醋1小勺
盐少许

做法 *Steps*

❶ 三文鱼切厚片、吸干表面水分，平底锅少许油，两面煎熟。

❷ 做水波蛋，锅内倒水（能完全没过鸡蛋的量），倒1小勺白葡萄醋，约1瓶盖的量，打1个鸡蛋入大汤勺，筷子在锅内画圈打出旋涡，缓缓将勺内的鸡蛋放入，让旋涡帮助蛋白包覆，待蛋白凝结滤水捞起（做法图见第55页）。

❸ 盆内铺苦苣叶子，将煎好的三文鱼用厨房纸吸一下油，平铺，顶部放1颗水波蛋，撒适量黑胡椒碎和盐即可。

还可以这么做

在家中发现了一个颇有"历史感"的饭盒，连着一周都用它来当便当盒，好像用这便当盒，就能吃到小时候的味道了。将三文鱼切成丁，和蘑菇、焯熟的豌豆一起炒份炒饭，再加1份嫩滑的美式炒蛋，带出门，心满意足。

椰香柠檬鸡

制作时间：40 分钟　分享人数：2 人

这分早午餐，果汁中和了肉的腥味，混合了柠檬果酸，又加入了椰汁，鲜嫩的鸡肉，酸中带甜，甜中有鲜，味道分明却也和谐。一份柠檬鸡，不用凑近，香已醉人。

食材 Ingredients

鸡半只	柠檬 2 个	白葡萄酒 1 勺
柠檬汁 1 勺	蜂蜜少许	迷迭香 2 撮
姜 1 块	椰浆 1/3 罐	橄榄油适量
盐适量	白糖适量	黑胡椒碎适量

做法 Steps

❶ 鸡洗净斩件，滚水汆10秒，捞起。姜刨成姜蓉，待用。

❷ 1个柠檬切块，放入碗中，倒入白葡萄酒，滴5滴柠檬汁，再加入少许盐、白糖、黑胡椒碎，腌制1小时（图1）。

❸ 烤盘铺锡纸，均匀平铺鸡块，腌制时用的柠檬块和汁水一起倒入，表面刷橄榄油和蜂蜜（图2）。烤箱预热，180℃，放入烤盘，烤20~30分钟，待表面焦黄即可（图3）。

❹ 烤鸡块的最后10分钟开始做椰浆酱汁，平底锅中倒入1勺橄榄油，放入姜蓉，煎至出香味后放入1大勺椰浆，炒匀，加少许盐、白糖调味，关火。将另1个柠檬切片。

❺ 将鸡块摆盘，放上适量柠檬片，淋上椰浆酱汁，放点迷迭香点缀即可。

图1

图2

图3

金枪鱼牛油果塔

制作时间：10 分钟　分享人数：2 人

牛油果是早餐很好的选择，不仅营养丰富，而且绵密细腻的口感完全可代替一般色拉酱。它那墨绿色的外皮下翠绿的果肉柔软似乳酪。颜色讨喜的牛油果，与其他食物相结合可以幻化出绝妙的口感与味道。

可以适量多准备点番茄，搅打成番茄汁，口感的清甜，肠胃也会更舒坦。

食材 *Ingredients*

牛油果1个　　白煮蛋1个　　欧芹叶适量
小青柠檬1个　　美乃滋酱适量　　黑胡椒碎适量
金枪鱼（罐头）半罐

做法 *Steps*

❶ 牛油果对半切开，带核的部分用勺子挖出，待用。

❷ 白煮蛋蛋白切细碎，和金枪鱼一同置于搅拌碗内，将蛋黄捣碎，放入碗中，用美乃滋酱拌匀。

❸ 用小勺子把蛋碎沙拉层轻轻铺在牛油果上，堆成1个漂亮的小山包。

❹ 在沙拉层上挤少许柠檬汁，撒上干燥的欧芹叶、黑胡椒碎，放1小片青柠点缀即可。

早餐速配

牛油果酸奶

食材： 牛油果半个，酸奶1杯

做法： 将牛油果切块放入料理机，倒入1杯酸奶，启动打碎即可。都说牛油果和酸奶是绝配，只要试过一次，就再也不会怀疑，这种浓郁的口感和清新的滋味，总能治愈晨间的疲倦。

面包碎甜派

制作时间：20 分钟　分享人数：2 人

甜食控的你又怎么能少了甜派？家里经常有吃剩下或风干不太想吃的面包，扔了太浪费，留着做个面包碎甜（咸）派吧，面包干是非常好的派底，而且面包派操作十分简单，用蓝莓、树莓、蔓越莓、苹果均可做面包甜派。

这样做 多睡会儿

前一晚就可以将面包剪碎，用保鲜袋扎好，第二天可以直接倒进烤盘，做成面包丁。

食材 *Ingredients*

吐司2片　鸡蛋2~3个　蜂蜜适量
白糖适量　肉桂粉适量　糖粉适量（点缀用）
蓝莓（树莓、蔓越莓、苹果均可）适量
牛奶适量（本页用量约为100毫升）

做法 *Steps*

❶ 用剪刀把吐司剪成适口大小的面包丁，平铺于烤碗内，叠至烤碗3/4处。

❷ 取1个小碗，将鸡蛋打散，加入牛奶、白糖、肉桂粉（可不加），搅拌后均匀淋在面包丁上（图1）。让面包丁均匀吸收蛋奶液。

❸ 蓝莓随意铺在面包丁上（图2），表面均匀撒上白糖（图3）。

❹ 烤箱预热，中层，150~180℃，15分钟（按自己烤箱的性能调整温度时间）。

❺ 表层略微焦黄底层凝固即可，撒上适量糖粉点缀（可淋少许蜂蜜提味）。

图1

图2

图3

还可以这么做

基本做法保持不变，将甜派配料中的蓝莓换成火腿和芝士丁，加适量坚果，不必再用蜂蜜淋酱，就可以做成咸面包派。这种灵活选择，就看家中的发言权在谁手中了，多半的情况是，女主人都来自于“甜蜜星球”，男主人来自于“酷咸星球”，一顿早餐，要不要来个“石头剪刀布”呢？

全家人的早餐拼盘

制作时间：10 分钟　分享人数：2 人

适合两人食或全家人分享的大分量拼盘，最开心的不外乎全家人在一起吃早餐哩。

食材 *Ingredients*

银鱼 1 份
培根 2 片
海苔 1 片
洋葱半个
葱花适量
橄榄油适量
鸡蛋 3 个
芦笋 1 把
味噌适量
裙带菜 1 把
迷你肠 3~5 个
芝麻油适量
盐适量
熟米饭 1 碗
猪五花肉薄片适量
嫩豆腐 1 块
寿司醋适量

做法 *Steps*

和风组＝银鱼炒蛋＋培根芦笋＋海苔包饭＋豆腐味噌汤

银鱼炒蛋的做法

将鸡蛋磕入碗中打散，放入银鱼，加1小撮盐拌匀。平底锅中倒入少许油，油热后倒入银鱼蛋，用筷子滑开拌炒，盛出待用。

培根芦笋的做法

将培根切成2厘米宽的薄片，芦笋洗净用手掰小段，去老根。平底锅内倒少许橄榄油，培根煎出香味，略有焦边后放入芦笋段，拌炒约1分钟即可盛出。（培根本身有咸味，口味淡的就不需要再加盐，而想要滋味浓郁些可加1小勺薄口酱油或淡盐生抽）。

海苔包饭的做法

在熟米饭中拌入寿司醋和芝麻油，拌匀后，准备一碗清水，双手沾湿，开始捏饭团（参考第101页的三文鱼碎饭团包法），捏紧饭团后，将海苔剪成长方形条状，半包住饭团即可。

豆腐味噌汤的做法

锅内倒少许油，炒香洋葱丝，接着放入五花肉片，用筷子拌炒变色后加入开水，放入豆腐丁和银鱼，待汤水再次沸腾后转小火，放入裙带菜。大汤勺挖半勺味噌，半浸入汤内，用筷子轻柔搅打化开即可，盛出后撒葱花。

肠蛋组的做法

平底锅少许橄榄油，煎蛋至五分熟后，放入迷你肠，用筷子滑动一下，然后盖上锅盖。关火，闷至太阳蛋表面略凝固，盛出，摆盘（见下图）。

早餐速配

Day 1 **蜂蜜松饼** *P180*
蓝莓酸奶 *P181*

Day 2 **巧克力能量玛芬** *P182*
多彩果粒燕麦奶糊 *P59*

Day 3 **蓝莓玛芬** *P183*
椰汁炖奶 *P27*

周末，玩个烘焙

周末做点面包、小蛋糕，玩的是心情，等到烤箱“叮”的声音响起，自己一星期的“业绩”就数这个最光辉了！周日下午做好的面包透个气，包个保鲜袋放冰箱。周一一早，三明治，面包碎布丁……有面包，一切也就有了。

蜂蜜松饼

制作时间：15 分钟　分享人数：2 人

真的没有比松饼更简单易学的西点了。还记得麦当劳曾经热卖的“热香饼”吗？其实你在家里完全可以自己做出来，而且可以搭配更加丰富的配料，甜品控们还能在其上淋上奶油和蜂蜜，这浓甜的早晨，真美好。

这样做多睡会儿

用来做松饼的面团其实可以手动搅拌，真的没有那么费力，而且少了清洗的功夫。

食材 *Ingredients*

低筋面粉 100 克	牛奶 75 克	鸡蛋液 1 个
蓝莓 1 把	树莓 1 把	糖粉少许
白糖 30 克	泡打粉 4 克	色拉油 15 克
蜂蜜适量		

做法 *Steps*

❶ 鸡蛋液、牛奶和色拉油放入搅拌盆中搅拌均匀（图 1），加入过筛后的面粉、白糖和泡打粉，搅拌至无明显颗粒感（图 2）。

❷ 平底锅中火不放油，取1勺面糊慢慢流至锅中心，让其自然散开，之后手提锅柄适当轻轻绕圈整形。

❸ 中小火待表面呈现密集气孔后，用铲子轻铲，翻面，底部再煎至金黄（图 3）。

❹ 食用时淋上蜂蜜，缀上树莓和蓝莓，撒点糖粉。

图 1

图 2

图 3

早餐速配

蓝莓酸奶

食材：纯牛奶1杯（约300毫升），酸奶发酵剂半包，白糖适量，蓝莓1小把

做法：将纯牛奶倒入酸奶机，加入半包酸奶发酵剂，再加入白糖混合搅拌均匀。酸奶机内加入1小杯温水，拌匀后，将酸奶机通电，约10小时后牛奶就能凝固成酸奶了。前一晚睡前做这些工作，早上就可以享用原汁原味的酸奶啦，早晨食用时，可以在酸奶上缀几个蓝莓果粒。

巧克力能量玛芬

制作时间：30 分钟　分享人数：3 人

能够同时在经典和流行当中占有一席之地的一种口味，想必非巧克力莫属了。香甜亦或苦涩，与蛋糕融为一体，片刻之内，整个厨房都散发出甜蜜能量的味道。

食材 *Ingredients*

低筋面粉 160 克	可可粉 25 克	牛奶 60 克
鸡蛋 1 个	盐 1 小撮	泡打粉 2 克
黄油 80 克	白糖 60 克	核桃仁适量
烘焙用可可豆适量	糖粉少许（点缀用）	

做法 *Steps*

❶ 核桃仁用刀切碎，待用。玛芬模分别摆上纸杯托，烤箱180℃预热。

❷ A碗：低筋面粉、可可粉、盐、泡打粉放入搅拌盆拌匀，过筛。

❸ B碗：将黄油隔水加热至熔化，放入白糖拌匀，接着放入鸡蛋和牛奶拌匀（图1）。

❹ 将B碗中的材料分2次倒入A碗，切拌式拌匀，最后倒入核桃仁碎和可可豆，搅拌均匀（图2）。

❺ 挖勺取适量面糊于纸杯至八分满（图3），用勺子或小号刮刀轻压结实，表面可放几粒可可豆装饰，进180℃烤箱烤20~25分钟。熟后放凉，撒糖粉点缀。

图1

图2

图3

还可以这么做

爱玛芬，是爱撒在上面的果粒，那美好硬脆的口感混合可可粉的香味总让我迷恋。自制玛芬不仅健康，最棒的还是可以一次做一整批。放在密封食物罐里，带去和朋友一同分享，蓝莓也可以替换成各种坚果，像香脆的杏仁片就是我的挚爱。

木糠杯

制作时间：30 分钟　分享人数：5 人

木糠杯也是一款操作简单、但滋味无穷的甜点，玛利亚饼干碾得细碎，如木糠屑般细腻绵长，搭配香浓幼滑的奶油，小心翼翼吞下的每一口都是嘴巴在享受。

食材 *Ingredients*

淡奶油 200 克　　薄荷叶（点缀用）

玛利亚饼干 120 克　　炼乳 20~25 克（甜度按个人口味调整）

做法 *Steps*

❶ 将玛利亚饼干掰碎后放入料理机打成细腻的粉末，无结块和颗粒（若有颗粒存在会影响口感）。

❷ 将淡奶油打发至五分发后加入炼乳（图 1），继续打发至纹路明显（图 2），偏湿润的口感最佳，然后将奶油装入裱花。

❸ 木糠杯底层铺饼干屑，用勺子或擀面杖在底部轻轻按压平整，接着挤上一层奶油（图 3），重复此动作直至满杯（图 4），但请保证最顶部为饼干屑，最后点缀薄荷叶（图 5）。将木糠杯放入冰箱，冷藏一下更好吃。

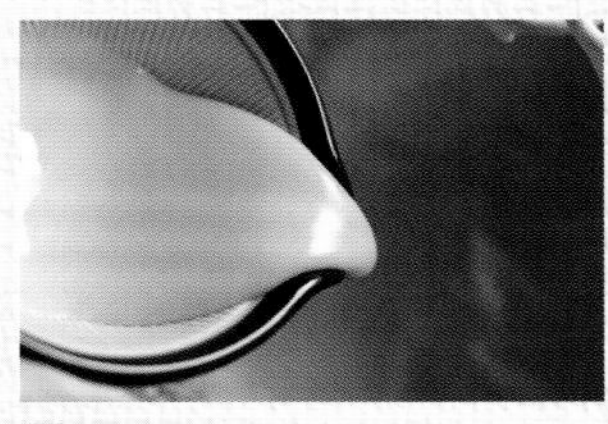
图 1

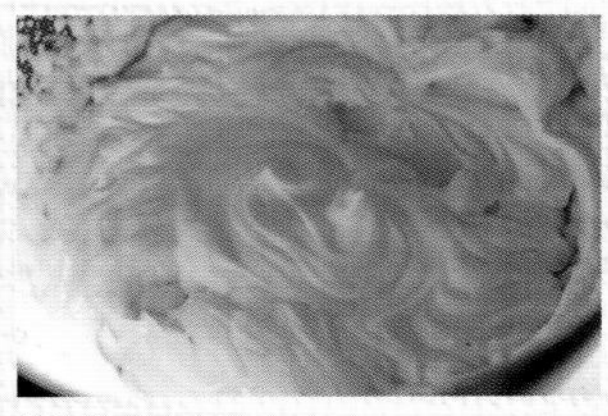
图 2

图 3

图 4

图 5

甜蜜大爆炸华夫饼

制作时间：10 分钟　分享人数：2 人

周末，这可是周末！必须让全身的多巴胺飞舞起来，去逛街，去约会，去骑行。这不，能刺激多巴胺分泌的能量华夫来了！香浓的巧克力酱在热乎乎的华夫饼上自然流淌，再配上奶油和新鲜水果，一口咬下去，满口都是甜蜜芬芳，心间的幸福感也开始满溢而出。

食材 *Ingredients*

夹心内馅材料

棉花糖 5~6 粒　黑巧克力 2 小块（也可用牛奶巧克力）

花生酱适量

华夫饼材料

低筋面粉 170 克　玉米淀粉 30 克　牛奶 100 克

鸡蛋 1 个　泡打粉 2 克　色拉油 20 克

黄油适量

做法 *Steps*

❶ 将华夫饼所需的低筋面粉、玉米淀粉、泡打粉、牛奶、鸡蛋、色拉油、黄油依次倒入搅拌碗内，用硅胶刮刀翻拌手法搅拌均匀。

❷ 华夫饼机预热，两面铁板擦上黄油，先舀勺面糊于铁板内，用刮刀适当抹平整。

❸ 再于面糊上铺上花生酱、棉花糖，间隙内插入巧克力块（馅料尽量集中在中心位置，以免按压后液体流出不好清理）。

❹ 再于夹心上覆盖上一层面糊，按压顶部铁板，开始高温加热，两面煎焦黄即可。

早餐速配

香蕉奶昔

食材： 香蕉1根，牛奶1杯

做法： 将香蕉去皮，切片，放入料理机，再倒入牛奶，启动料理机，榨取出汁即可。香蕉的甜相对温婉，做成香蕉奶昔，配甜甜的华夫饼还有甜中带香的滋味，这个早晨，一“甜”方休。

香蕉磅蛋糕

制作时间：15 分钟　分享人数：6 人

磅蛋糕非常适合烘焙新手操作，没有过多复杂手法，配料自由多变，口感湿润，黄油味香浓郁，你要做的只是：混合 + 搅拌，所以快来试试吧！

这样保存

排气晾凉后放进保鲜袋，在 20℃ 的天气，可以在常温下隔夜放置。

食材 Ingredients

香蕉 2 根　　鸡蛋 2 个　　核桃仁 20 克

混合坚果 1 把　　蔓越莓适量

即食燕麦 1/4 茶匙（会有颗粒感，不喜可不放）

黄油 90 克　　小米 1/4 勺　　低筋面粉 180 克

盐 1 小匙　　白糖 100 克　　泡打粉 1 小撮

肉桂粉 1 茶匙

做法 Steps

❶ 将2根香蕉捣碎，无需完全捣成泥，留有块状的香蕉烤熟后口感更棒（图1），烤箱180℃预热。

❷ A料：将低筋面粉、泡打粉、肉桂粉、小米和即食燕麦、盐放入搅拌盆拌匀，待用（图2）。

❸ B料：黄油室温软化，倒入搅拌盆，打入鸡蛋，放入白糖，拌匀，待用（图3）。

❹ 将A料倒入B料（图4），核桃仁切碎，拌入面糊，搅拌均匀。

❺ 将面糊倒入模具，震一下，表面均匀撒上混合坚果和蔓越莓（图5）。

❻ 烤箱180℃烘烤40分钟左右，用牙签从中间插入拔出如无面糊粘连即熟透（图6）。

图 1

图 2

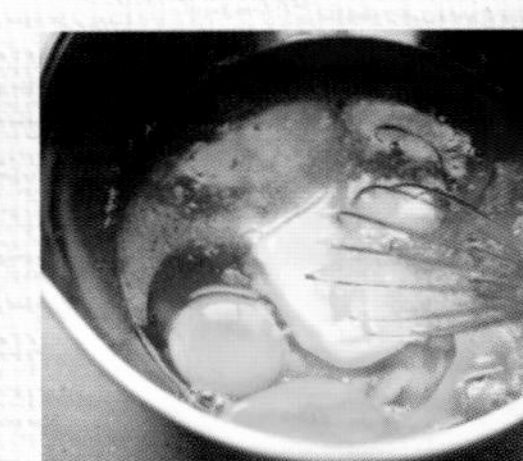
图 3

图 4

图 5

图 6

红糖燕麦饼

制作时间：25 分钟　分享人数：3 人

这款红糖燕麦饼可以作为能量棒和减重时期的口粮（可适当再减些糖分或者索性做无糖的），几乎是最简单的操作，液体油脂多口感相对湿软，液体油脂少就更硬脆，配方也比较弹性，完全可按个人需求喜好调整。

食材 *Ingredients*

即食麦片 200 克　　原味酸奶 40 克　　鸡蛋 1 个

果干 1 把（蔓越莓和提子干）　　红糖 20 克

混合坚果 1 把（核桃、杏仁、腰果、南瓜子、葵花籽和芝麻）

橄榄油 30~40 克

做法 *Steps*

❶ 烤箱 180℃预热，坚果切碎，待用。

❷ 将所有材料充分混合（图 1、图 2），烤盘铺油布，取模具用勺子挖取混合燕麦材料（图 3），压实，用圆形汉堡模具可做一盘 8 个燕麦饼（图 4）。

❸ 把搅拌好的材料放进烤箱，180℃，中层，烤 18~20 分钟。

❹ 用较平的铲轻轻推动燕麦饼，放凉后食用即可。

图 1

图 2

图 3

图 4

早餐速配

梅森罐奶茶

食材：锡兰红茶粉 2 勺（约手握 2 把的量），纯牛奶 1 杯

做法：将锡兰红茶粉装入纱布袋（或大号的茶包袋）内，放入奶锅，冲入热水，煮开后转小火再煮 3 分钟，待茶汤色泽浓郁后关火，灌入梅森罐，冲入纯牛奶即可。此款奶茶，奶与茶的比例无需精确计量，喜欢茶浓一些还是奶浓一些，完全可以按个人喜好调配，加糖或不加糖也随意。

图书在版编目（CIP）数据

早餐叫醒你 / 黄予著 . -- 南京 ：江苏凤凰科学技术出版社，2017.1
（汉竹 • 健康爱家系列）
ISBN 978-7-5537-7226-4

Ⅰ . ①早… Ⅱ . ①黄… Ⅲ . ①食谱 Ⅳ . ① TS972.12

中国版本图书馆 CIP 数据核字（2016）第226776号

中国健康生活图书实力品牌

早餐叫醒你

著　　者　黄　予
主　　编　汉　竹
责任编辑　刘玉锋　张晓凤
特邀编辑　徐键萍　许冬雪　王雅平
责任校对　郝慧华
责任监制　曹叶平　方　晨

出版发行　凤凰出版传媒股份有限公司
　　　　　江苏凤凰科学技术出版社
出版社地址　南京市湖南路 1 号 A 楼，邮编：210009
出版社网址　http://www.pspress.cn
经　　销　凤凰出版传媒股份有限公司
印　　刷　南京精艺印刷有限公司

开　　本　787 mm × 1 092 mm　1/16
印　　张　12
字　　数　100 000
版　　次　2017 年 1 月第 1 版
印　　次　2017 年 1 月第 1 次印刷

标准书号　ISBN 978-7-5537-7226-4
定　　价　39.80 元